ブックレット新潟大学

新潟で探るニュートリノの不思議な世界

谷本盛光・田村詔生

新潟日報事業社

も く じ

はじめに …………………………………………………… 4

第1章 宇宙から素粒子の世界へ ………………………… 6

第2章 素粒子の世界の主人公たち ……………………… 11

第3章 素粒子の謎への挑戦 ……………………………… 24

第4章 ニュートリノの不思議な世界 …………………… 29

第5章 ニュートリノの世界を訪れよう ………………… 43

第6章 新潟から、ニュートリノの新しい地平へ
　　　　―カスカ（KASKA）実験プロジェクト―………… 57

第7章 新潟大学でのニュートリノ研究の歩み ………… 69

はじめに

　現代物理学は、今、物質の究極に接近しつつあります。今をさかのぼること2400年前、デモクリトスは当時の最高レベルの思考と経験を基にして「原子と真空」の存在にたどり着きました。しかし、実験で証明されたわけではないこの「思想」は歴史の片すみに追いやられます。

　1800年代のはじめになって、化学者ドルトンは化学反応の研究によって、この古代の原子論を復活させました。ところが、物質の究極に迫る研究は困難を極めました。19世紀末から20世紀のはじめにかけて、オーストリアの科学者ボルツマンが原子と分子の存在を確信して、ヨーロッパの学会に挑みましたが、その闘いに疲れ、自らの命を絶ってしまいました。

　このような困難にもかかわらず、アインシュタイン、プランクをはじめとする20世紀の巨人たちは、物質の究極に迫っていきました。その成果は日本にも波及し、湯川秀樹博士の「中間子」の発見につながりました。それが、最も基本的な粒子―素粒子の研究の幕開けです。

　その後、人間の英知は、高度な実験技術を駆使して、物質を構成する基本粒子が、クォークとレプトン、そしてそれらに働く力の源がゲージ粒子であることを明らかにしました。

　今、物質の究極への研究は、大きく変化しています。物質の究極とは、単純に、より小さなスケールへと物質を分割することではありません。究極の世界では、時間と空間の深い理解が必要とされます。私たちは現在、高度に発展した実験技術に支えられ、デモクリトスの時代と同様にあらん限りの思考を凝らし、四次元時空さえも超えて、初期宇宙の時代までさかのぼり、物質の究極の世界に挑戦しています。

そして今、その挑戦の前に立ちはだかっているニュートリノという未解明の物質の正体をあきらかにしようとしています。この研究をすすめる原動力は、人間の「自然を深く知りたい」という強い情熱です。この本で、科学者たちが明らかにしてきた究極の「素粒子とニュートリノの世界」の最前線にみなさんをご招待しましょう。

　この本の目的は、素粒子とニュートリノの全体像についての話をすることです。したがって正確であることよりも、素粒子とニュートリノがどのようなものであるのかを理解していただくことに重点を置きました。

　前半は、これまで明らかになってきた素粒子とニュートリノの全体像を分かりやすく解説します。そして、後半は、現在の素粒子の研究が
・何を目指しているのか
・どのように行われているのか
・どのような現象を調べているのか
・次世代の素粒子の研究

などについて、特に新潟大学での研究に重点をおいて述べます。

　なお、本文とは別に、素粒子の理解にとって非常に重要なものを、「寄り道」として各章の最後にまとめて掲載しました。

第1章　宇宙から素粒子の世界へ

　今から100年ほど前、アインシュタインが現代科学の扉を開きました。1905年に発表された奇跡といわれる3つの論文が20世紀の物理学の方向を決定付けたのです。この3つの理論とは、特殊相対性理論、光の量子論、そして原子・分子の実在証明のための理論（ブラウン運動の理論）でした。これらの研究を土台として20世紀の科学はめざましく発展しました。宇宙と素粒子の研究がその成果です。この両極端の世界は、ひとつにつながっていることが分かるのですが、その発見も20世紀の科学の成果でした。

　微視的な世界を極めようとする研究は、今から70年前、さらに大きく歩みだしました。その研究は日本で始まったのです。その成果が高く評価され、1949年に湯川秀樹博士が日本人ではじめてノーベル賞を受賞されたことを知っている方は多いでしょう。この受賞は日本人をずいぶんと励まし、当時の学生たちは、湯川博士に続けと自然科学の勉学に励んだものです。湯川博士の研究成果は新しい自然界、「素粒子の世界」の扉を開けるものだったのです。

　湯川博士の研究から70年も経った20世紀終わりに、当時の若者であった小柴昌俊博士が「ニュートリノ天文学」という新しい扉を開きました。2002年に小柴博士がノーベル物理学賞を受賞されたことは記憶に新しいと思います。今では、長年謎であった「ニュートリノ」の本格的研究が可能になりました。

　素粒子の世界は新しい発展の段階に達したのです。そしてその先を開拓していくのは、いつの時代も若い人たちです。

■ 自然界には階層性がある

　まず、自然を理解する上で最も大切なことからはじめましょう。自然界には、宇宙のように気も遠くなるような巨大なものから、目に見えない小さなものまで多様なスケールがあります。そのスケールは無秩序に存在するのではなく、小さい方から大きい方に向かって一定の秩序をもって構成されています。そのことを自然の階層性と呼びます。自然を一つ一つばらばらなものとしてとらえるということではなく、ひとつながりのものとして見ることが大切なのです。どこで階層の切り目を入れるかは科学の発展によって変わることがありますが、通常大きいスケールの階層から小さいスケールの階層の順に、以下のようになります。寄り道1)

- 宇宙：銀河、太陽系、地球など
- 人間の生活している世界：動物・植物、細菌、岩石、金属など
- 分子・原子の世界：水、酸素、窒素、水素、ヘリウムなど
- 原子核など：電子とともに原子を作っている粒子など（陽子、中性子、ヘリウムの原子核）
- 素粒子：物質を構成している基本的な粒子（クォークや電子）

　現在のところ素粒子より小さい階層があるという実験的証拠はありません。しかし、研究の発展しだいでは、さらに小さいスケールの階層が見えてくるかも知れません。上に述べたような階層の関係を、特徴を表すキーワードや、寸法を含めて図1－1に示しました。

図1−1 自然界のスケール

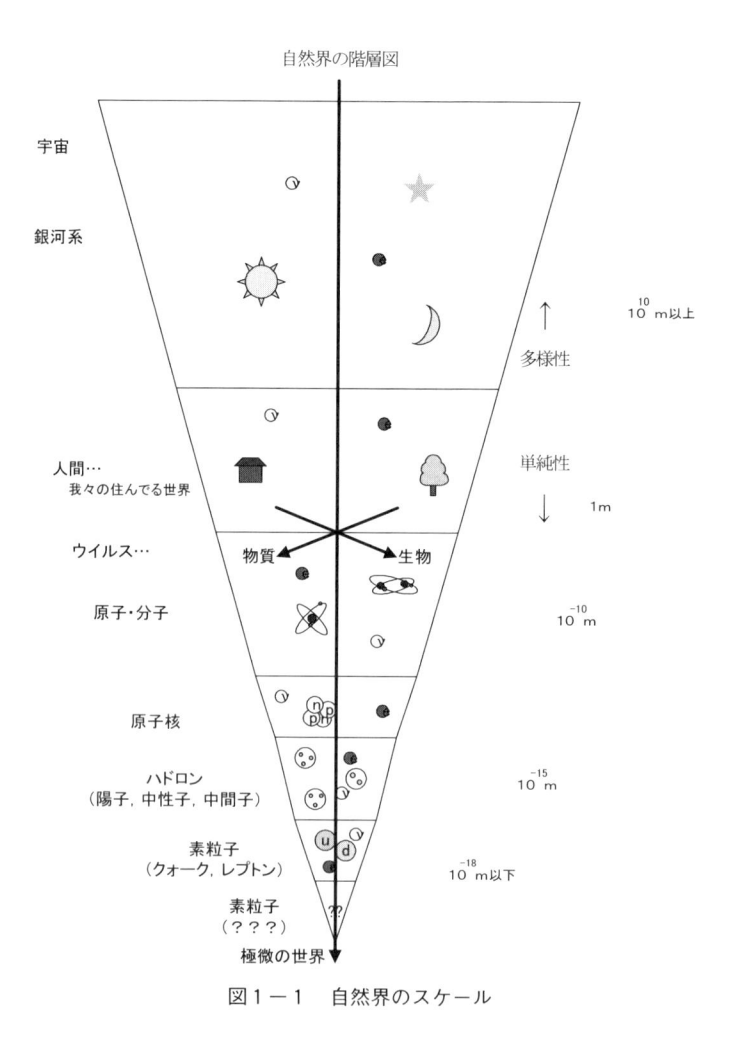

　現在のところ、クォークやレプトンと呼ばれている素粒子が最も下部の階層であると考えられています。

自然の階層はひとつながりになっています。そのつながりは、次のような宇宙の進化の道すじから理解することができます。
　140億年ほど昔、宇宙はビッグバンと呼ばれる大爆発から生まれました。初期の宇宙は、後ほど説明する素粒子の世界でした。それは電子、ニュートリノ、そして光が直接支配する高温の宇宙でした。光で満たされた宇宙は、太陽の中がのぞけないのと同じで、内側が透けて見えません。少し宇宙の温度が冷えてくると、陽子と中性子ができあがります。そして、元素の合成の時代が始まり、ヘリウムなどの軽い原子核が作られます。ここまでが、宇宙の始まりから3分間で起こったのです。
　さらに10万年以上経ち宇宙の温度が下がると、原子核は電子を捕まえて、原子を作ります。これで宇宙の電気的な力の時代は終わりを告げ、宇宙は晴れ上がり、見通しのよいものになります。
　宇宙の始まりから数億年経つと、重力により星が誕生します。星の中では、私たちが必要な酸素や鉄のように重い元素が作られます。10億年経つと、星が集まり銀河ができます。太陽系は100億年経ってできあがりました。銀河のガスから惑星が誕生します。
　惑星では恒星の光エネルギーを受け、化学変化が起こります。原子と分子の多様な組み合わせが、地球上で生命を作ります。この生命は進化を繰り返し、その結果、私たち人類が誕生します。
　この壮大なストーリーは、宇宙の始めから仕組まれていたのでしょうか。私たちはそれぞれの階層の法則や仕組みを知っていますが、これらは本をただせば宇宙の大爆発のときに起源があるのでしょうか。私たちは現在、これらの質問に対する答えを持ち合わせていません。しかし、自然界はひとつながりのものであり、一番大きな宇宙を理解するためには、一番小さな素粒子のことを知る必要があるのです。

寄り道1　階層性の分かれ目は何だろう

　階層の区分は色々考えられます。しかも科学の発展にともなって階層の区分は変わってきます。理解を助けるために、その上部（スケールの大きい方）と下部（スケールの小さい方）では、構造物の性質とそれを支配する法則などが大きく異なっていることを基準として考えてみましょう。例えば、生命体である動物や植物は、生命のない物とは大きく違っていることはすぐに分かります。生命体は、一つの階層を作っているのです。
　（ウィルスのようにどちらとも言い切れない性質を持つものもあります。これは自然の豊かさと深さを実感させるところです）
　宇宙の階層をひとつにまとめてみることが良いかどうかは、宇宙の研究の発展によっても変わるでしょうが、ここではアインシュタインの相対性理論で記述される宇宙全体をひとつの階層としてみることにしましょう。また、私たちの生活空間の階層と、更にその下部との区別が難しそうです。簡単に言えば、分子とそれより大きいものと言えますが、プラスチックなどのように、私たちの身の回りで目にふれる高分子というものもあります。そのあたりははっきりと分かれませんが、スケールの大きい方はニュートンの力学の法則に従い、小さい方は量子力学の法則に従うと考えましょう。その境界部分の研究も進んでいるので、将来は新しい階層を考える必要がでてくるのかも知れません。現在では、原子・分子の階層とひとまとめにするのが適当でしょう。
　次は原子核です。原子核に働く力の法則を考えると、陽子、中性子そして中間子とあわせて一つの階層にするのが良いでしょう。
　それ以下の階層が、この本で述べる素粒子の世界です。現在は、素粒子の世界が最も小さな世界ですが、さらにそれ以下の階層があるかどうかは、今後の研究に待つところです。

第2章　素粒子の世界の主人公たち

■ 素粒子の世界の幕開け

　冒頭に紹介した湯川博士の研究成果は何だったのでしょう。中間子論と呼ばれる湯川博士の理論は、原子核の世界に光を当てるものでした。
　原子核は、プラスの電荷をもった陽子と電荷をもたない中性子からできています。例えば、金の原子核は79個の陽子と118個の中性子から構成されています。1930年代当初、これらの粒子たちがしっかりと結びついて原子核を構成していることは大きな謎でした。陽子のように同じ電荷を持った粒子が集まったら電気力で反発してバラバラになってしまうはずです。1935年に湯川博士は、電気的反発力よりはるかに大きい、新しい引力「核力」を着想しました。この新しい力を伝達する粒子として、「中間子」という新粒子を予言したのです。「中間子」が力を伝達するという考え方は、図2－1のように中性子や陽子が「中間子」を吸ったり吐き出したりして力を及ぼしあっているというものです。当時、光子、陽子、中性子、電子（それと陽電子）しか知られていなかった時代、これまでになかった新しい粒子の存在を予言することは大胆としか言いようがありません。この粒子はやがて「π（パイ）中間子」と呼ばれ実験で発見されたのです。

図2－1　原子核を結びつける力

この発見以後、数々の新粒子が発見されます。中間子の発見は、素粒子の世界の幕開けだったのです。

■　素粒子の標準模型

　湯川博士の発見から70年以上経った現在、素粒子の世界は、「標準模型」と呼ばれる段階に達しました。見えない世界を見ようとするには、私たちがイメージできるように自然を記述する必要があります。素粒子の世界では、それを「模型（モデル）」を作るという方法で実現してきました。「素粒子とはこういうものだ」と思われる体系だった枠組みを作ります。それらは、実験と理論の両面から徹底的に検討され吟味されます。多くの模型はこの過程を経て、捨て去られていきます。標準模型とは素粒子の体系を理解するための基準と言えます。

　標準模型の土台、それは局所ゲージ理論とヒッグス機構といいますが、これについてここでは特には触れません。美しい数学的表現でこれらの土台は築かれていますが、この本のレベルを超えてしまいます。興味がある人はぜひレベルアップした本を読んでください。この本ではその標準模型に登場する素粒子たちとその役柄／性質について紹介しましょう。

■　素粒子の分類

　素粒子は、その役割、性質によって、大きく三つのグループに分けられます。その一つは物を組み立てるときの部品にあたるもので、もう一つは部品をつなぎあわせる接着剤にあるものです。そして三つ目は、これら二つのものが活躍する舞台にあたるものです。

☆物質を構成する要素となる素粒子:クォークとレプトン

　これらは、物質を作るときの部品にあたり、クォークとレプトンに分類されます。クォークとレプトンの違いは、三種類の色（カラー：R赤、G緑、B青）と呼ばれるものをその粒子がもっているかどうかによります。色は強い力の源で、もっていなければ強い力は働きません。電子を含むレプトンと呼ばれる素粒子は、色がないため、強い力は働かず、原子核のようなものは作れません。素粒子の電荷は、電子の電荷を-1として表記されています。電子はマイナスの電気をもっています。それを表2-1に見られるように、電荷は-1と表します。また、クォークは1/3を単位とした分数の電荷になります。電子の電気量の1/3や2/3な

表2-1　物質を構成する素粒子の分類

世代		レプトン		クォーク			
			電荷	色			電荷
第1	香り	ν_e	0	u (R)	u (G)	u (B)	$+\dfrac{2}{3}$
		e	-1	d (R)	d (G)	d (B)	$-\dfrac{1}{3}$
第2		ν_μ	0	c (R)	c (G)	c (B)	$+\dfrac{2}{3}$
		μ	-1	s (R)	s (G)	s (B)	$-\dfrac{1}{3}$
第3		ν_τ	0	t (R)	t (G)	t (B)	$+\dfrac{2}{3}$
		τ	-1	b (R)	b (G)	b (B)	$-\dfrac{1}{3}$

のです。寄り道2)

　また、レプトンもクォークも縦に6種類ならんでいることがわかりますが、これらの素粒子の違いを「香り（フレーバー）」というもので分類します。もう少し細かく見てみると、電荷をもったレプトン（電子、ミュー粒子、タウ粒子）と電荷をもたないニュートリノは、それぞれ対をなします。さらに、クォークも $(u、d)$、$(c、s)$、$(t、b)$ のように対をなします。そして、三種の色を含めた $(u、d)$ と $(v_e、e)$ は一つのグループを作り、それを世代とよびます。世代は3世代あります。しかし、「世代」は分類上有用ですが、その正体は未知のものです。

　以下に記号で表記された素粒子の名前の読み方を示しておきます。

　　v ；ニュー、　粒子の場合はニュートリノを指す
　　　　例えば、v_μ はミュー・ニュートリノと読む（他も同様）
　　e ；電子のこと
　　μ ；ミュー、　粒子の場合はミュー粒子を指す
　　τ ；タウ、　粒子の場合はタウ粒子を指す

陽子や中性子は、これらの素粒子からどのように作られているのでしょう。クォークは、三個集まって陽子や中性子を作っていることが分かっています。例えば、陽子は $(u、u、d)$ の組み合わせでプラス1の電荷になります。一方、中性子は $(u、d、d)$ の組み合わせで電荷はゼロとなります。湯川博士が予言した中間子も、クォークからできあがっていますが、これは

クォーク一個と後で説明する反クォーク一個から作られています。

　ヘリウム原子は、図2-2のようにクォークで作られる陽子と中性子からなる原子核と、その回りを飛びかう電子で作られています。これらのスケールを理解できるよう、原子を野球場の大きさに拡大してみますと、原子核はパチンコ玉の大きさ、クォークは細菌の大きさとなります。

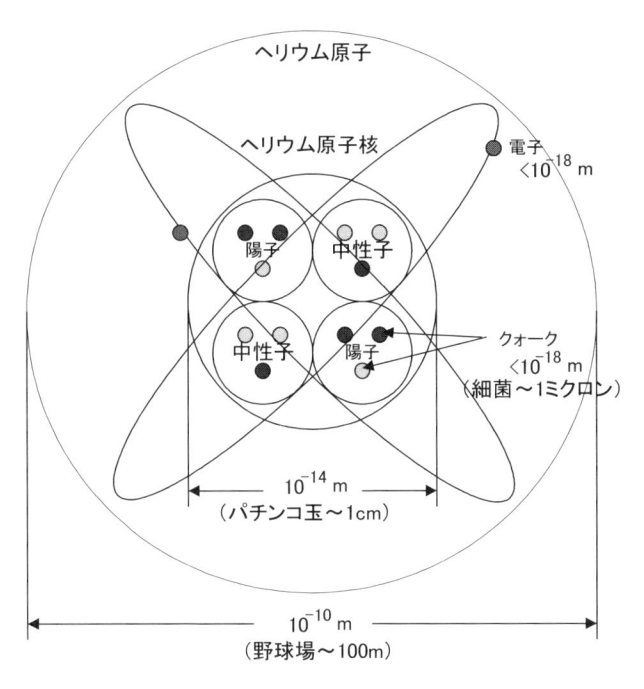

図2-2　ヘリウム原子の中身

☆粒子と反粒子

　素粒子の世界の主役たちを紹介してきましたが、この主役たちの裏側の世界があります。主役を粒子と呼ぶと、裏の世界の主役は反粒子と呼ばれます。前に示された物質を構成する素粒子の表2－1を思い出してください。そこに書かれていた素粒子は、「粒子」だったのです。いくつか例外がありますが、すべての素粒子には反粒子があると考えられています。粒子と反粒子は質量などの性質は全く同じですが、「反」とあるように、電荷は逆です。

　最初に見つかった反粒子は、電子の反粒子であるプラスの電荷をもった「陽電子」です。（反粒子の名前は、反陽子のように前に「反」が付けられることが多いのですが、電子の場合は、陽電子と名づけられ、今でもそのように呼ばれています）粒子と反粒子の違いには重要な意味があります。粒子と反粒子は出会ったら、恐ろしいことに、お互い消滅してエネルギーだけを残します。素粒子に反粒子があるなら、それらから反原子核が作られるでしょう。さらに、反原子核と陽電子で反原子が、それらから反分子が作られます。実際にこのような考えで、日本の研究者を中心としたグループにより、反ヘリウムが作られています。ここまで行くと、反物質と言った方が適当でしょう。

　それでは、私たちは「粒子」から作られているのでしょうか。そうなのです。私たちは、粒子から作られた世界にいるのです。では、反物質の世界はどこにあるのでしょうか。宇宙を観測しても、反物質の世界は見えていません。これは宇宙の大きな謎のひとつです。寄り道3) 4)

☆素粒子間に働く力を担う素粒子：ゲージ粒子

2章の冒頭で、粒子が力を伝達するという考え方を、陽子や中性子が「中間子」を吸ったり吐き出したりして力を伝達しているということで説明しました。クォークの間やレプトンの間の力の伝達も同様に力を担う素粒子を吸ったり吐き出したりして交換すると考えることができます。

```
              力を担う素粒子
         ○←─交換─●─交換─→○
       素粒子1              素粒子2
```

そのような力を伝達する粒子はゲージ粒子と呼ばれ、表2－2のように分類されます。強い力の粒子はグルオンと呼ばれます。また、電磁気的な力の粒子は、私たちになじみの「光子（フォトン）」です。弱い力の粒子は、電荷をもったW粒子と電荷ゼロのZ粒子です。これまでの研究で、光子とW粒子とZ粒子はもともとの起源は同じであった、つまり、電磁気的力と弱い力はもともと一つのものであったことがわかっています。

表2－2　力を担う素粒子の分類

	強い力	電磁気力	弱い力
力を感じる素粒子	クォーク	クォーク 荷電レプトン	すべての素粒子
力の源	「色」	「電荷」	「香り」
媒介する粒子	グルオン	電磁気力と弱い力の統一 光子（γ）　　W、Z粒子	

表2-2を見ると、強い力を感じる素粒子の中にレプトンがありません。「色」は、クォークには見えますがレプトンには見えないのです。
　すでに説明したように、電磁気力は光子がその力を伝えます。弱い力は、W粒子やZ粒子によって伝えられます。光子は質量がゼロですが、W粒子やZ粒子の質量は、陽子の80倍から90倍程度あります。それにもかかわらず、光子、W粒子とZ粒子はもともと同じ仲間だというのが、現在の素粒子論の考え方です。これは「電磁気力と弱い力の統一」と呼ばれ、「電弱力」ともいいます。この大きな質量の違いは、次に述べる質量を生み出す素粒子、ヒッグス粒子に原因があるのです。

☆質量を生み出す素粒子：ヒッグス粒子

　標準模型においては、クォークやレプトンの質量は、もともとあったものではなく、ヒッグス粒子という宇宙空間を満たしている、ある粒子との結合の強さ（仲の良さ／悪さ）によって決まるものと理解されています。このヒッグス粒子が、宇宙の「真空」を決めるのですが、そのとき素粒子の質量が決まります。

　また、力を伝達するゲージ粒子であるW粒子やZ粒子の質量は大きいのですが、ヒッグス粒子によって持ち上げられていると考えられています。したがって、ヒッグス粒子の存在は、標準模型にとってその正しさをテストする重要なポイントなのですが、これまでの努力にもかかわらず今のところ発見されていません。寄り道5）

寄り道2　素粒子の「色」と「香り」

　素粒子の分類では「色」と「香り」が重要な役割をします。しかし、素粒子に色や匂いがあるわけではありません。力の源を示すものとして、都合のよい表現として使っています。

　電気的な力の場合は、素粒子の電荷の符号と大きさが重要な情報量です。電荷がゼロの場合、電気的な力は働きません。素粒子は、相手のもっている電荷をみて、力を伝える粒子を吸ったり吐いたりしています。

　強い力は、三種類の色（カラー：R赤、G緑、B青）で決まります。クォークはいずれかの色をもっていることになります。この強い力を伝える粒子はグルーオンと呼ばれます。それらの色は、三種類の色とそれらの補色を組み合わせてできた色からなります。組み合わせた色は9種類ありますが、そのうち8種類がグルーオンであとの一つは白色となり、粒子にはなりません。

　湯川博士の予言した中間子を思い起こしてください。原子核を結合させている力のもとは中間子でした。それはそれとして正しいのですが、その後の研究の結果、中間子自身はクォークと反クォークから構成され、それらはグルーオンを通して結びついていることが分かりました。このように最も基本的な粒子を探る研究は、研究の発展とともにより深い理解を与えることとなります。

　「香り」は弱い力の源です。「色」はクォークのみにあり、電子やニュートリノのようなレプトンにはありませんが、「香り」は、クォークにもレプトンにもあります。ニュートリノは、電荷も「色」もないので弱い力しかはたらきません。それがニュートリノの捕獲を困難にさせている理由です。「香り」の正体は何か、解明が期待されます。

寄り道3　反粒子とはどういうものだろう

　ミクロな世界を記述する量子論と高速運動する粒子を記述する相対論を統合することによって、1927年イギリスの科学者ディラックは「反粒子」を予言しました。反粒子は、粒子と同じ質量をもち、電荷などの符号が逆の粒子です。真空とは負エネルギー粒子が詰まったもので、真空に高エネルギーの光をあてると、一個の電子が飛び出してきて、空席が反電子（陽電子）として観測されます。

　身近な世界に例えて、反粒子をイメージしてみましょう。図2-3のように、私たちは外の世界を知らずに水の中の世界にいる魚になったと思うことにしましょう。魚にとって、水は存在するものではなく、私たちにとっての「真空」のようなものでしょう。そうすると、魚には、大きな泡（水の無い球）がどう見えるでしょうか。水が無いとは思わずに、別のものだと思うでしょう。その球の中に水を満たせば元に戻る、つまり何も無い状態に戻るような性質を持った球です。「水を満たせば、無に帰る」、何か哲学のような話ですが、それが魚にとって現実に見える世界です。この関係を、水の無い球をXとし、それと同じサイズの水の球をWとして式で書けば、$X + W = 0$（無）　⇒　$X = -W$　となります。つまり、水の無い球（X）は、「反水（-W）」だと言うことができます。このようにして、反粒子をイメージできます。

図2-3　水中の泡

寄り道4　**エネルギーと反粒子**

　何も無いところから、エネルギーを消費して一組の素粒子が生まれる状況を、大まかに理解するため、図2－4の装置を考えましょう。

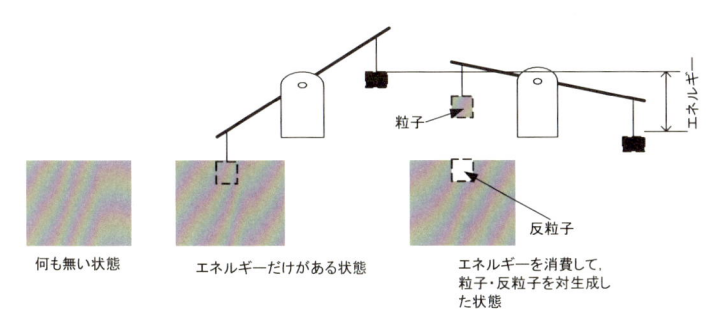

図中ラベル：
- 何も無い状態
- エネルギーだけがある状態
- 粒子
- 反粒子
- エネルギーを消費して、粒子・反粒子を対生成した状態
- エネルギー

図2－4　エネルギーによって真空から粒子と反粒子が生まれる

　左端の図は、「真空」の状態を示しています。そこはプラスの電荷をもった「粒子」がぎっしり詰まった空間です。そこで、真ん中の図へ進みます。右側には、片方に重りをつるした天秤棒があります。重りが高い状態にありますが、それはエネルギーをもっているということです。重力で下に落ちることにより、仕事ができる能力をもっているのです。天秤棒の他方の端は、「真空」中の粒子につながっています。右端の図では、重りがもっていたエネルギーが下がることにより減って、その代わりに粒子が真空を作っている海の中から引き上げられました。後には、そのぬけがらができました。エネルギーが粒子と反粒子の対に変わったのです。

|寄り道5| **標準模型における質量とはなんだろうか**

　質量を生み出す素粒子であるヒッグス粒子を説明したように、質量というものがその物体の固有の性質ではなくて、他の粒子との関係で決まるものだということは、私たちの日常の感覚とは全く違う事です。正確ではありませんが、例えで説明してみましょう。プールの中に水が満たされているとします。このプールの水中に、太さが無視できる紐がつながれた面積の異なる大小二つの凧があるとしましょう。これら自身の質量は無視します。ここで、ひもを引っ張って凧を加速すると、凧の動きに対する水の抵抗があるはずです。大きい凧は抵抗が大きく、小さい凧は抵抗が小さいはずです。従って、水の抵抗に逆らって同じ力で凧を引っ張ると、大きい凧よりも小さい凧の方が大きく加速されることが予想できます。言い換えれば、引っ張っている人には、大きい方の凧は小さい方より「重い」と感じるでしょう。この「重く感じる程度」が質量にあたります。ヒッグス粒子と素粒子の関係にするには、プールを真空、凧を素粒子、水の分子をヒッグス粒子、凧の面積を素粒子とヒッグス粒子の結合の強さ、重く感じる程度を質量へと置き換えをして下さい。この様子は図2−5を見るとより理解が深まるでしょう。

　標準模型では、質量が大きい（重い）ということは真空を埋めつくすヒッグス粒子に強く影響されて動きにくいということを言っているのです。

「何も無い」所での，力と加速度⇒質量

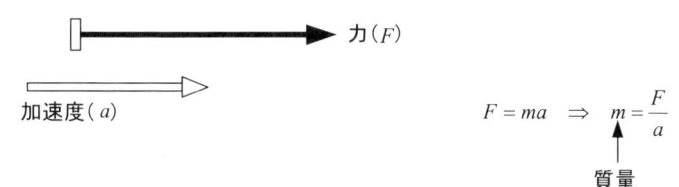

$$F = ma \quad \Rightarrow \quad m = \frac{F}{a}$$

質量

「ヒッグス粒子で満たされた」所での，力と加速度⇒質量

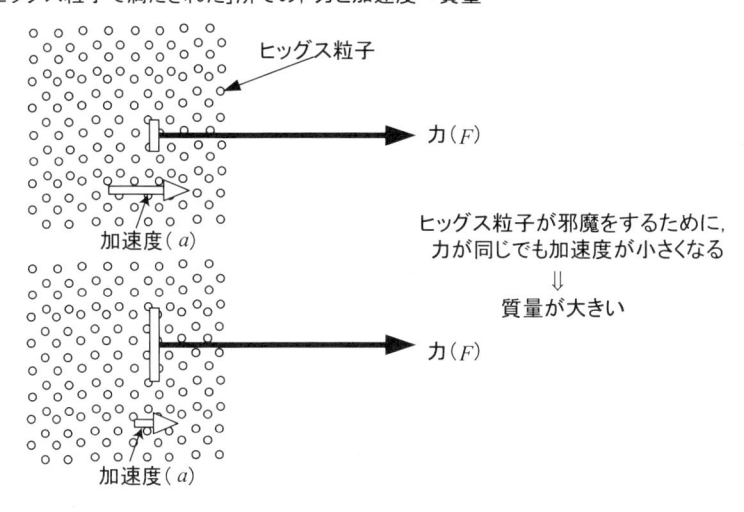

ヒッグス粒子が邪魔をするために，力が同じでも加速度が小さくなる
⇓
質量が大きい

図2-5　ヒッグス粒子による質量の生成

第3章　素粒子の謎への挑戦

この章では、現代の素粒子論が挑戦している謎をあげてみましょう。

■ 世代の謎

第2章の表で紹介した素粒子の分類をふたたび考えましょう。この分類では「世代」という考え方が登場しました。「世代」は子供、親、その親という意味に理解できますが、分類上、役に立つ概念です。ニュートリノの質量が小さいことを除けば、同じ世代に属する素粒子は、同じ程度の質量をもちます。素粒子の世代は三世代あり、世代数が大きくなるにつれて、質量がおおよそ100倍くらいまで大きくなります。そして、同じ世代の素粒子の間では、異なった世代間の反応に比べ反応が大きいのです。(ニュートリノに限っては、異なった世代間の反応も大きいということが最近発見され、世代の謎をとく鍵の一つと考えられています)「世代」とはなにか、素粒子の難問中の難問です。

■ 質量の起源とその大きさ

前章で質量を生み出す粒子としてヒッグス粒子を説明しました。この粒子を発見しようと現在スイスとフランスの国境、ジュラ山脈が果てるところの地下でLHCと名付けられた史上最大の実験が始まろうとしています。はたして、この粒子は発見されるでしょうか。たとえ、この粒子が発見されたとしても、前章で説明したように、世代によって素粒子

の質量が大きく異なることは謎のままです。

■ CP対称性とその破れ

　素粒子にはスピンという量があります。直観的には、コマの自転に対応しますが、広がりのない点として扱われる素粒子にもコマのように固有のスピンというものを考えることができます。スピンは、量子力学という微視的世界を支配する法則によって、とびとびの値を持ちます。

　たとえば、電子はスピン 1／2 を持ちます。そして、右回転と左回転に対応して二つの成分を持ちます。電子の運動方向を回転軸にとると、右ねじが進むような回転運動をするものを右巻き、その反対の回転運動をするものを左巻きとよびます。

　これまで、ニュートリノは左巻き成分しか発見されていません。ニュートリノでは右巻き成分はないのです。つまり左右の対称性は成り立っていません。物体を鏡に映すと左右が入れ替わります。この操作のことをパリティ (P) 変換とよびます。ねじの向きは鏡のなかの世界では方向が逆転するので、鏡の中の世界では、右巻き成分しかありません。つまり、ニュートリノの成分はパリティ (P) 変換に対して変わってしまいます。このことをパリティ (P) 対称性の破れとよびます。

　パリティ (P) 対称性の破れは、1956年リーとヤンによって予想され、ウーが実験で確証しました。素粒子の世界は左右対称にはなっていないのです。パリティ (P) 変換と荷電をプラスからマイナスにする変換 (C)

を同時におこなうことをCP変換と呼びますが、その変換に対しては素粒子の世界は対称であると物理学者は考えていました。この変換は粒子と反粒子の入れ替えに対応しています。しかし、物理学者の予想を超えて、CP変換による対称性は、わずかに破れていることが1964年に発見されました。この事実を1973年にみごとに説明したのが、当時日本の若手研究者であった、小林誠博士と益川敏英博士たちでした。この理論は小林・益川理論とよばれ、現在、実験的に検証されています。寄り道6)

■ 宇宙と素粒子

140億年ほど前、私たちの宇宙はビッグバンと呼ばれる大爆発によって生まれ、ミクロな宇宙からマクロな宇宙へと進化してきました。この進化の過程で銀河などが生成されましたが、現在のような宇宙の構造ができるためには、光では見えない暗黒物質が宇宙には多量にあると予想されています。実際、図3-1のように宇宙のエネルギー組成として、分かっている物質はわずか4％程度で、22％は暗黒物質とよばれるものです。その正体は、未発見の素粒子と考えられます。宇宙には、理論的に予測されていますが、未発見の素粒子がたくさんあると考えられているのです。

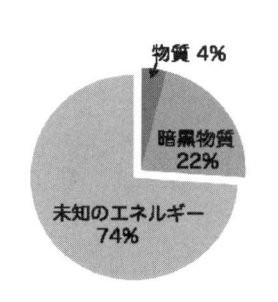

図3-1　宇宙のエネルギー組成

そのうえ、最近の宇宙の観測によって、宇宙の膨張速度は加速し始めており、その原因は未知のエネルギーであり、それは宇宙のエネルギーの74％を占めるということが発見されました。このエネルギーも素粒子

第3章 素粒子の謎への挑戦

と関連があるのではないかと、多くの研究が始まっています。

■ 4次元時空を超える

私たちは、3次元の空間に存在しています。それは、ある物体の大きさは、縦、横、高さを決めれば指定されることから理解できます。もう一つ、時間の軸があり、これらをあわせて4次元時空と呼びます。

しかしながら、5次元目、6次元目等の軸があるということは、否定できません。その方向があまりにも小さく、気付いていないからかも知れないのです。素粒子の性質は4次元時空を超えた多次元の時空のなかで決定されている可能性があります。その場合は、4次元時空のなかでは素粒子の謎は解明されないということになり、時空の十分な解明が必要とされます。ストリング理論はそのような理論の最高峰です。時空の構造を明らかにすることは21世紀の重要な課題なのです。

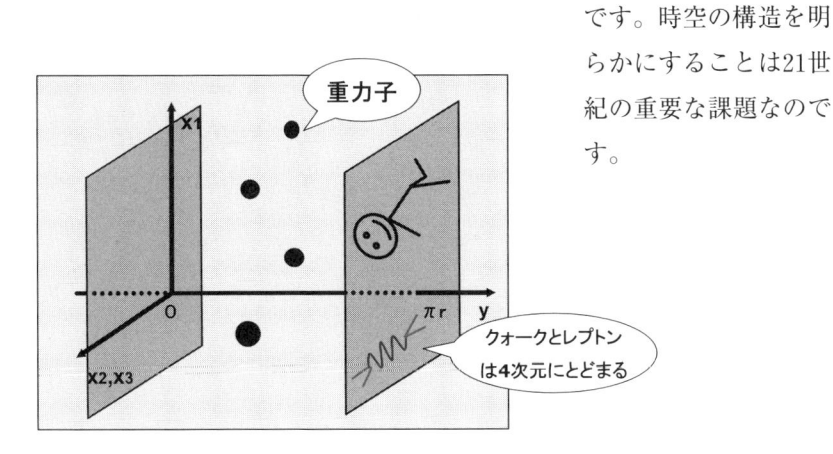

|寄り道6| 宇宙には反物質がなぜ少ないか

　粒子と反粒子の入れ替えであるCP変換に対し、自然界は対称ではなく、わずかに破れていることは述べましたが、この事実は、現在の宇宙を理解する上で重要な要素なのです。

　現在私たちが住んでいる宇宙の最初は、「何も無い」真空から、ビッグバンと呼ばれる大爆発が起こったことから始まったと考えられています。この段階では、粒子も反粒子も無く、巨大なエネルギーが、狭い空間に充満していたと考えられます。ところがそれがその後拡張していって、その過程でエネルギーが粒子と反粒子の対に変わる反応が起こりました。逆に、粒子と反粒子が出合って、消滅してエネルギーに変わる反応も起きました。単にこれらの反応を繰り返すだけでは、対生成では同じ数の粒子と反粒子が生成され、対消滅では同じ数のそれらが消滅するのですから、「粒子の数」と「反粒子の数」は常に同じです。私たちの世界が物質の世界なら、同じだけの反物質の世界が無ければなりません。ところが不思議なことに、宇宙の観測から、反物質の宇宙はほとんど存在しないことが分かっています。この事実は、宇宙から地球に降ってくる宇宙線の成分は、ほとんどが粒子だということからもわかります。

　1967年にソ連の物理学者サハロフ博士は、宇宙初期にどのような条件があれば現在の宇宙の成分が反物質ではなく、物質で支配されるかを研究しました。その条件のひとつが「CP対称性の破れ」なのです。1978年に、この研究を現代の素粒子論にあてはめ、宇宙の物質と反物質の研究を飛躍的にすすめたのが、日本の吉村太彦博士でした。それ以降、この宇宙の謎の研究は、目覚ましく発展しています。

第4章　ニュートリノの不思議な世界

■ **ニュートリノの存在を予言した人、発見した人**

　素粒子のなかでニュートリノは、電荷ももたず質量も電子と比べて桁違いに小さなものです。このような他の素粒子と異なる粒子がなぜ存在するのかは大きな問題ですが、それらはどうやって発見されたのでしょうか。これは偶然発見されたのではありません。

　ヴォルフガング・パウリという理論物理学者が1930年12月4日にドイツのチュービンゲンで開催された会議への公開書簡のなかで、この粒子の存在について述べています。当時、天然元素が放射能をもち他の元素に崩壊していく過程が研究されていました。ベータ崩壊と呼ばれ、Aという原子核が電子を放出して別種のBという原子核に変わる反応です。

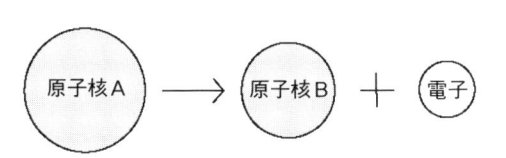

始めに考えられたベータ崩壊

　このとき、電子の持ち運ぶエネルギーを測定すると、崩壊前と崩壊後でエネルギーの保存が成り立っていないことが分かったのです。エネルギーの保存とは、自然界の大原理と考えられ、エネルギーは、どこかに消えたり、また突然増えたりせず、いつも一定であるという法則です。この法則が成り立っていないのは不思議なことと考えられたのですが、原子核のような小さな世界では「エネルギー保存の法則」が成立していないのではないかと考えられていました。

　しかし、ヴォルフガング・パウリは、「エネルギー保存の法則」のような大原理が破れるわけはないと確信し、そのかわり観測で見逃すほど反

応が弱く、質量がゼロか電子に比べて桁外れに小さく、電荷がゼロの中性粒子の存在を予言したのです。これが「ニュートリノ」の誕生です。

　この「ニュートリノ」の観測に挑戦した研究者たちは悪戦苦闘しながら、その存在を実証していきました。26年後の1956年フレデリック・ライネスとその共同研究者クライド・コーワンは第5章で説明するように南カロライナ、サバンナ・リバーの原子力発電所で「反ニュートリノ」を捕獲したのです。原子力発電所は核分裂による反ニュートリノの人工的な発生源なのです。

■　ニュートリノは透過力が強い

　ニュートリノは観測で見逃されるほど反応が弱いということは、透過力が強いということです。X線に比べても桁違いに透過力が強いのです。したがって人体には影響なく放射能はありません。この透過力の強さが、ニュートリノ観測に科学者たちが悪戦苦闘してきた理由です。そ

のため、ニュートリノは幽霊のような存在と言われることがあります。

　ニュートリノは電気的に中性のため電気的反応はせず、さらにクォークのように「色」をもたなく、強い力は働きません。しかし、ニュートリノには弱い力が働くことが分かっています。この力の大きさは現在の観測技術では容易に測定できるものです。

■ 二種類のニュートリノとニュートリノ振動

　ヴォルフガング・パウリが予言したニュートリノは、電子とともに放出されるもので電子型ニュートリノと呼ばれ、ν_eと記されます。これは第一世代のニュートリノとも呼ばれます。その後、1962年には、アメリカのレーダーマンやシュワルツ等によって、電子よりも200倍も質量の大きいミュー粒子に伴って現れる、第二世代のミュー型ニュートリノ（ν_μ）が発見されました。このニュートリノは1943年、日本の理論物理学者、坂田昌一博士と井上健博士によって予言されていたものでした。

　ニュートリノがν_eとν_μの二種類になったことによって、ニュートリノの理論的研究は一段とすすみました。牧二郎、中川昌美、坂田博士たちは、量子力学の検討の結果、以下のような結論を引き出しました。実験で生成されたニュートリノが、ν_μであったとしても、飛行中にν_eに移り変わったり、またもとのν_μに返ったりする。この考察は、その後ソ連のポンテコルボ博士たちによって厳密に行われ、ニュートリノ振動公式として完成します。二種類のニュートリノの質量差と混合の度合いがニュートリノ振動の大きさを決めます。

　ニュートリノ振動とは、振り子のような力学的振動のことを意味しているわけではありません。ニュートリノの種類が空間を進行中に交代して変化するカメレオンのような現象です。ニュートリノ振動は、ばねの振動の類推から理解できます。二つの同じ強さのばねAとBを、もう一つの非常に弱いばねCで結びつけ静止させておきます。Aのばねの振動を与えると、そのエネルギーは、弱いばねCを通して、Bのばねにすべて伝わり、もとのばねAは静止します。さらに時間がたつと、振動のエネルギーはばねAに戻って

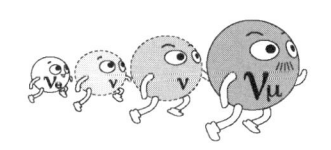

きて、ばねBは静止します。この繰り返しが続きます。

この現象を二種類のニュートリノにあてはめたのがニュートリノ振動ですが、厳密にはニュートリノを量子力学で扱う必要があります。その変化する確率Pを与える公式は次のようになります。

$$P(\nu_\mu \to \nu_\mu) = 1 - \sin^2 2\theta \cdot \sin^2 \frac{1.27 \Delta m^2 [\text{eV}^2] \cdot R[\text{km}]}{E[\text{GeV}]} ; \Delta m^2 = m_1^2 - m_2^2$$

ここで、Δm^2は二種類のニュートリノの質量の二乗の差です。

Rはニュートリノの飛行距離で、Eはニュートリノのエネルギーです。また、θは二種類のニュートリノの混合の度合いをあらわしており、実験で観測する量です。eVは電子ボルトと呼びます。（1電子ボルトは、1個の電子が1ボルトの電圧で加速されて得るエネルギーで、素粒子のエネルギーの単位です）GeVはeVの10億倍です。この変化の様子を横軸Rと縦軸Pで示したのが図4－1です。確率Pはν_μがν_μのままである確率を表し、最大が1最小が0です。横軸の距離Rは適当な目盛りです。現在は、ニュートリノが三種類あることが分かっていますから、この三種類のニュートリノ間の変化が期待されます。そして、その変化する確率は、上の公式に比べもっと複雑になります。

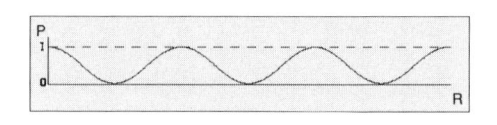

図4－1　ν_μが観測される確率の変化

■ ニュートリノの質量はゼロか

ニュートリノの質量はゼロか、それともわずかではあるがゼロでないかは長い間の謎でした。しかし、前節で説明したように、ニュー

トリノ振動がおこるためには、ニュートリノに質量が存在し、三種類のニュートリノの質量は、それぞれ異なっていなくてはなりません。したがってニュートリノ振動を観測できれば、ニュートリノに質量が存在することが実証できるのです。ニュートリノ振動の実験的証明は、日本の実験グループが成し遂げましたが、その実験の詳細は次章で説明します。

　ニュートリノにわずかながらも質量があるということは、また一つの謎を私たちに突きつけます。なぜレプトンの同じ仲間として分類される電子と電子型ニュートリノに一億倍程度の質量の違いがあるのでしょう。それを理解する一つの方法として、マジョラナ粒子というものを考える必要があります。寄り道7)

■　ニュートリノはマジョラナ粒子か

　第2章で私たちは、粒子に対して反粒子が存在することを学びました。電子が存在すれば、陽電子が存在します。陽子が存在すれば、マイナスの電荷をもった反陽子が存在します。そして、電荷をもたない中性子に対して、電荷ゼロではありながら反中性子が存在しています。このように、粒子と反粒子が独立して存在する粒子をディラック粒子とよびます。

　しかしながら、電荷ゼロの粒子は、その反粒子が自分自身である可能性があります。これは、イタリアの理論物理学者マジョラナが提唱した粒子であり、マジョラナ粒子と呼びます。ところが、反粒子が自分自身

であるというマジョラナ粒子は、まだひとつも発見されていません。

　そこでニュートリノは電気的に中性なのでマジョラナ粒子である可能性があるのです。ニュートリノの質量の小ささはそこに起因しているのではないかと言われています。ニュートリノがマジョラナ粒子であるか、それとも電子のようにディラック粒子であるか、この決着は将来、実験でつけることができるでしょう。

■ 密度の高い物質のなかのニュートリノ

　ニュートリノは透過力が強く、捕獲するにはかなり高度な技術を必要としますが、物質と反応しないわけではありません。この反応は、電荷によらない弱い力によって生じます。

　しかし、物質の密度が大きな星の中心部では、弱い力といえども、大きくなります。太陽中心部で生成されたエネルギーは、放射として周囲の物質と反応しながら、100万年かけて太陽表面に出てきます。それほど太陽の内部の物質密度は高いのですが、太陽の中心部で生成された電子型ニュートリノはすぐに太陽表面に出てきます。ただし、太陽の内部では、周りの物質からエネルギーを受け取り、見かけ上、ニュートリノの質量が大きくなったように振る舞います。もともとのニュートリノの質量がわずかなので、ニュートリノがどこで生成されたものであるかを注意しておかないと、観測結果から正しい答えは得られません。

　物質密度の高い星の極めつけは、超新星です。超新星とは、星の死滅する最期

の段階で爆発して輝く星です。この最期の段階で星の中心部では次のようなことが起こると予想されます。電気的反発力をさけ物質がもっと隙間を埋められるよう、物質は電気的に中性化します。陽子は電子を吸収し、電気的反発力のない中性子とニュートリノに変わります。また、電子は陽電子と対になって消滅し、ニュートリノを大量に発生します。しかし、ニュートリノと言えども、1 cm^{3}あたり1000トンという途方もない物質密度のもとでは、容易に抜け出すことはできないのです。そして、星がその重力を支え切れなくなったとき爆発がおこり、ニュートリノは光とともに宇宙空間に飛び立ちます。超新星爆発のエネルギーの99％はニュートリノが持ち運ぶのです。

　1987年2月23日、神岡実験は大マゼラン雲で発生した超新星爆発によるニュートリノを11例、世界で初めて観測しました。これが、ニュートリノで星の最期の様子を知るという、新しい観測手段の誕生で、ニュートリノ天文学の幕開けといえます。この超新星爆発は、太陽の約20倍の質量を持った星が、その一生の最期に起こした大爆発でした。このとき、太陽が45億年間に放出する全エネルギーの1000倍にも達する膨大なエネルギーが、約10秒間にニュートリノとして放出されたことが分かりました。この観測結果は、超新星爆発に関する天体物理学の予想とほぼ一致していました。この功績で小柴昌俊博士が2002年にノーベル物理学賞を受賞したのです。寄り道8）

■　ニュートリノの発生源と宇宙残存ニュートリノ
　ニュートリノの発生源はいくつかあります。以下に代表的なニュートリノの発生源について簡単に紹介します。

☆原子炉からのニュートリノ

　ニュートリノの発見は原子炉からのニュートリノ（原子炉ニュートリノ）でした。原子炉の中では原子核分裂という現象が起こって、その中で生まれる不安定な原子核がベータ崩壊[寄り道9]と呼ばれる電子と反電子ニュートリノ（$\bar{\nu}_e$）を放出する形で変化します。原子炉においては、図4-2で示されるように、最初にウランが中性子を吸収して不安定になり、その後幾つかの段階で小さな原子核に壊れる核分裂と呼ばれる現象が起こります。そして、この核分裂の過程においてニュートリノが生成されます。一つのウランの崩壊当たり平均6個のニュートリノが放出されると見積もられています。その結果、原子炉からは膨大な数のニュートリノが放出されています。この中で生まれるニュートリノが、電子ニュートリノの反粒子である、反電子ニュートリノです。エネルギーは決まったものではないのですが、比較的小さく数百万電子ボルト程度です。

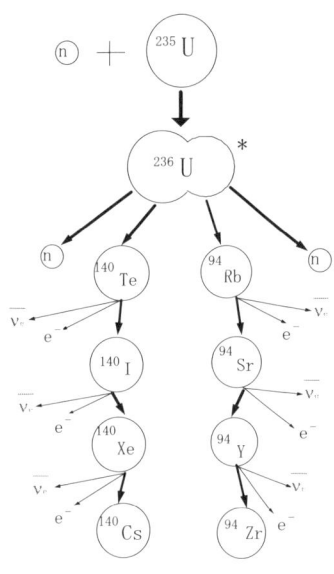

図4-2　原子炉ニュートリノ

☆自然のニュートリノ

　原子炉ニュートリノは、人工のニュートリノとも言えるでしょう。それに対して、私たちの身の周りには自然のニュートリノが大量にあるのです。それらを以下に紹介します。

◇**太陽からのニュートリノ（太陽ニュートリノ）**

　太陽のエネルギー源は核融合であることが知られています。太陽での核融合の色々な反応から生み出されるニュートリノは、原子炉ニュートリノと違って、電子ニュートリノそのものです。このニュートリノのエネルギーもおおよそ原子炉ニュートリノと同程度です。

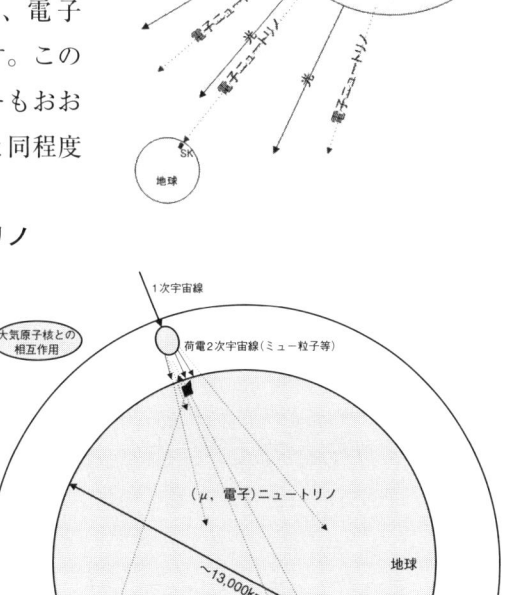

◇**宇宙線によるニュートリノ**

　地球には、宇宙からさまざまの種類の粒子が飛び込んできていることが知られています。それらを宇宙線と呼びますが、主に陽子です。宇宙線のエネルギーはさまざまです。それらは図4-3のように、地球を取り巻く空気（大気）と反応し、その結果生まれた多くの種類の粒子が私たちに降り注いでいます。

図4-3　宇宙線によるニュートリノ

これらの粒子の多くのものは、地上に達するまでにニュートリノや反ニュートリノを含む崩壊反応を起こします。その結果、それらのニュートリノも地表にも降り注いでいるのです。これらのニュートリノは、生まれるもとになる粒子が色々な種類であることから、タウニュートリノ、ミューニュートリノ、電子ニュートリノ及びそれらの反粒子です。またそれらのエネルギーは、非常に高いものから低いものまであります。

◇その他のニュートリノ

　超新星爆発がニュートリノを生み出すことは既に紹介しました。また、地球の中心部は死んだ星と違って非常に熱いマグマ等があると考えられています。そのことと深いかかわりがあるものとして、地球内部にウランその他の元素があってベータ崩壊を起こし、そのときにニュートリノを放出していると予想できます。最近、日本が中心となったカムランドと名付けられた実験でその兆候が検出され、それは地球ニュートリノと呼ばれています。

　最後になりますが、ビッグバンで知られる宇宙初期にとり残されて宇宙を浮遊しているニュートリノは、観測されていませんが、数の上では最も大きく、1cm²あたり毎秒9兆個の宇宙残存ニュートリノが通過していると予想されています。宇宙初期がどのようなものであったかを知らせてくれるニュートリノでもあります。この観測には新しい技術が必要でしょう。

　これまで紹介しました、原子炉や自然のニュートリノがどの程度の多さであるかを示したものが、図4－4です。ここでの$1\times10^8[/cm^2/s]$という単位は、毎秒1億個のニュートリノが1cm×1cmの四角の中に飛び込んでくることを意味しています。

第4章　ニュートリノの不思議な世界　39

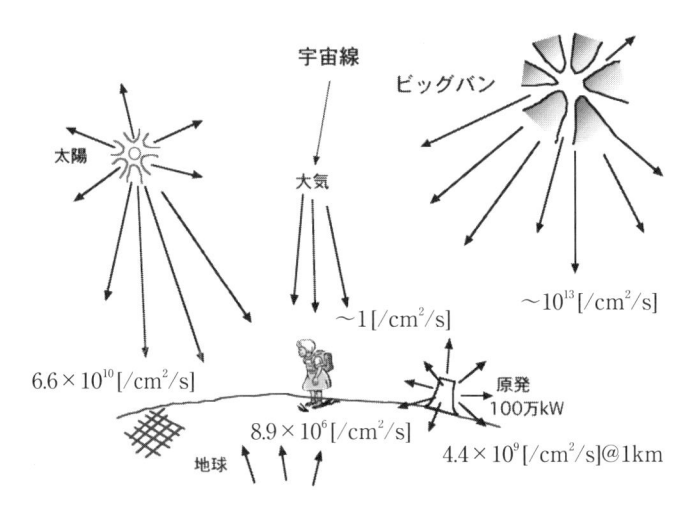

図中ラベル：
- 太陽　$6.6\times10^{10}[/cm^2/s]$
- 宇宙線　大気　$\sim 1[/cm^2/s]$
- ビッグバン　$\sim 10^{13}[/cm^2/s]$
- 地球　$8.9\times10^6[/cm^2/s]$
- 原発 100万kW　$4.4\times10^9[/cm^2/s]@1km$

図4-4　身のまわりのニュートリノ

　このように、私たちはまさにニュートリノの海の中に存在していると言ってよいでしょう。もちろんニュートリノは全くといって良いほど物質に力を及ぼさないので、人体に影響することはありません。この宇宙全体に満ちている宇宙残存ニュートリノが、宇宙の運命にどのようにかかわっているか謎はますます深まりますが、このニュートリノのエネルギーは極めて小さいので、その捕獲は、未来の高度な実験技術に待たねばならないでしょう。この解明の以前に、まだ幾つもの実験によって解明すべき謎が横たわっているのです。日本のニュートリノ観測の技術は、これらの謎をひとつひとつ解き明かしていくことでしょう。

寄り道7　ニュートリノはなぜ軽い

　物質を構成する素粒子は、第2章で表2-1に分類したように三世代のクォークとレプトンから成ります。それらは、異なった性質を持っていますが、その代表的な性質の一つが質量です。それらの測定値を示したものが図4-5です。この図の縦軸は対数という表し方で描かれているので、一桁ずつ変わっていることに気を付けて下さい。この図を見るとニュートリノの質量が他の素粒子と比較して極端に小さいことが分かりますが、これが大きな謎となっています。これに関する最も有望とされる考え方は、柳田勉博士たちが提唱した理論であるシーソー機構と呼ばれるものです。

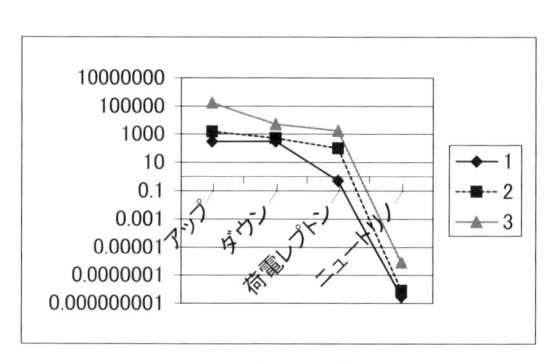

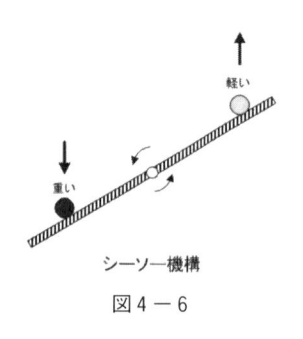

図4-5　素粒子の世代と質量

　すでに述べたように、ニュートリノはマジョラナ粒子の可能性があります。自分自身が反粒子ならばその質量をマジョラナ質量と呼びます。一方、反粒子が別に存在すればディラック粒子であり、その場合ディラック質量をもつといいます。第三章で述べたようにニュートリノが左巻きだけではなく、右巻きニュートリノが存在すると、

シーソー機構
図4-6

マジョラナ質量とディラック質量の異なった二つの質量が考えられます。実は、左巻きと右巻きのニュートリノの質量の積は一定になります。そこで片方の質量が他方の質量に対して圧倒的に大きい場合、他方は、非常に軽くなるのです。私たちに見えるニュートリノは、例えば普通の体重の人が相撲取りのような人とシーソーに乗るといかにも軽く見えるように、非常に軽く見えてしまうというものです。柳田博士はこれをシーソー機構と名付けました。このことは、非常に重いニュートリノも存在するということを意味します。この重いニュートリノは宇宙初期で重要な役割を果たしたのではないかと考えられ、研究がすすめられています。

寄り道8 　星の最期と私たち

　私たちは星の最期の大爆発のおかげで存在できたと考えられています。太陽の質量より12倍以上の質量を持つ星の最期は以下のように考えられています。まず、星の中心部（1億度以上）で水素やヘリウムが燃え、元素合成が始まり、炭素、ネオン、酸素、ケイ素、鉄などが生成されます。そのとき、星の内部では50億度まで温度が上昇します。50億度を越えると生成された鉄は、ヘリウムへの熱分解を始めます。中核を支えていた鉄が消えるため星は急激につぶれはじめ、外殻は中心に向かって落下します。そしてこれ以上収縮できないという中心核と衝突し、その衝撃で大爆発がおこり、生成した元素を宇宙にばらまきます。その際、星のエネルギーの99%はニュートリノが持ち運びます。

　また、星の最期の爆発で中性子のたくさんある金やウランなどの貴重な元素が生成され宇宙にばらまかれます。星で作られた元素は長い年月をかけ重力で集まり、暗黒星雲が新しい星を生み出します。そこには生命の種もあると考えられています。地球もその結果、誕生したのです。

寄り道 9　ベータ崩壊とニュートリノ

　アインシュタインは、相対性理論の中で「質量とエネルギーは、見かけは違うが、お互い入れ替わる事ができる同じものである」ということを見つけました。この考えはとんでもないように思えますが、実は、私たちは日常の生活の中でその効果による恩恵を受けているのです。図4－2で示される原子炉中の核分裂が終わった後の全質量は、核分裂する前の質量に比べて小さいのです。この失われた質量の大部分がエネルギーに変わり、それを利用して電気を起こしているのが、原子力発電です。

　ベータ崩壊とは、幾つかの陽子と幾つかの中性子が集まってできている原子核が、エネルギー的に不安定な場合に、原子核中の（普通）1個の中性子が(中性子より軽い)陽子に変わり、それで減った質量分に見合ったエネルギーで電子とニュートリノを作り出すのです。このときもしもニュートリノが存在しないとすれば、そのエネルギーのすべてを電子が受け取ることになります。ところが、電子のエネルギーを測ってみると、電子はその一部のエネルギーしか持っていないことが分かりました。「反応の前後でエネルギーは変わらない」は物理学における定説です。それなのに、一部はどこかへ失われたのですが、どう探してもどこに失われたかが分かりませんでした。そこで、パウリが提案したのが、「見えない粒子、ニュートリノ」です。電子の他にもう一つ、電気的に中性で非常に軽くて、周りに何の痕跡も残さずエネルギーを持ち出す粒子があるに違いないと考え、それをニュートリノ（日本語で中性微子）と名付けたのです。

第5章　ニュートリノの世界を訪れよう

■　見えない粒子、ニュートリノ

　　　　　　　　　ニュートリノは、パウリによって素粒子物理学の世界に紹介されたとき以来、長い間「見えない粒子」でした。ではなぜ見えないのでしょうか？　まず「粒子などが見える、見えない」というのはどういうことか考えてみましょう。

　人が物体を見るためには、光が必要です。光が物体に当たったら、反射されたり、突き抜けたり、あるいは止められ（吸収され）たりします。その程度は色によって違います。赤い色の光のみを反射して、それ以外は吸収されるという場合を考えてみましょう。この反射光が目に入り網膜で感じられて、人は「この物体の色は赤である」と分かるのです。形も同じように、どこに入った光が反射されるかで知ることができます。このようなことが起こるためには、その物体が光を反射したり、光が網膜で感じ取られたりする働き（逆に光の一部が物体に吸収されることによって物体が温まるなどの働きもあることから、このようなお互いへの働き合いは「相互作用」と呼ばれます）が無ければなりません。^{寄り道10)}ニュートリノが検出されるためには、ニュートリノ検出のための装置（以下、検出器と呼びます）と相互作用をしなければならないのです。

　人類のもつ他の動物と違った特徴は、皆さんがこの本を読もうとしたように「新しいことを知りたいという気持ちをもつ」ことにあります。実験物理学者は、「ニュートリノは見えない」ということで済ませませんでした。この後出てくるように、見えない粒子・ニュートリノを見つけた

のです。ただ、光と違って「相互作用」が非常に弱く、検出器で反応を起こすのは大量に入ってくるニュートリノのごく一部でしかなかったので、見えないと思っただけだったのです。例えば、既に紹介した太陽ニュートリノについては、地球に飛び込んで突き抜けるまでに地球内部で反応を起こすニュートリノの数は、100億個のニュートリノのうちのわずか一個程度（！）です。

　ニュートリノにとっては、地球もほとんど空っぽの物体なのです。いかに反応が少ないか分かってもらえましたか？　これが、ニュートリノが「見えない」と言われた理由であり、その研究が他の素粒子と比べて非常に遅れた最大の理由でした。

■　ニュートリノを検出できた！
　ニュートリノの最初の検出は、ライネス・コーワンらのアメリカのサバンナリバー原子炉からの反電子ニュートリノ（電子ニュートリノの反粒子）を用いた実験で成功しました。その実験の原理が、図5－1に示され

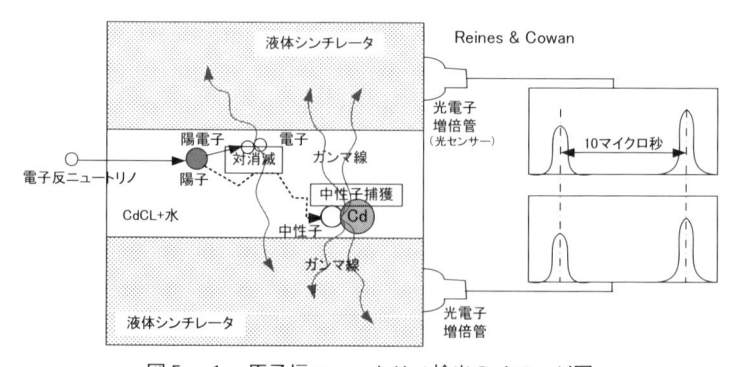

図5－1　原子炉ニュートリノ検出のイメージ図

ています。検出器の中段部には、カドミウム（Cd）原子核を含む分子を水に溶かし込んだものが入っています。上と下には、液体シンチレータという、電気を持った粒子やエネルギーの高い光（ガンマ線など）が通過すると短時間の光パルス（このような短時間だけ生じる信号をパルスと呼びます）を出す物質を含む液体が入っています。その図において原子炉からのニュートリノが左から入ってきたとすると、前に書いたように稀にですが、次のような反応が起こります。

① ニュートリノが検出器（の中段部）に含まれている陽子（水素原子の原子核）と相互作用して、陽電子（電子の反粒子）と中性子が発生します。

② 陽電子は電子の反粒子なので、電子と対消滅して複数のガンマ線（光と同じ光子ですが、可視光線と比べて振動数／エネルギーがはるかに高いものです）を出して消えてしまいます。このガンマ線が液体シンチレータに吸収されると光パルスが出ます。

③ 中性子は、陽子と何回も衝突してエネルギーを失って、熱中性子と呼ばれる非常にエネルギーの低い状態になり、時間をかけて（と言っても約10マイクロ秒＝10万分の1秒ほどですが）カドミウムの原子核に吸収されます。中性子を吸収したカドミウムは多くの余分なエネルギーを持った不安定な状態になり、冷めて安定になるためにやはり何本かのガンマ線を放出します。温められた物質が、冷めるときに熱線を出すようなものです。このときのガンマ線も、液体シンチレータに吸収されて光パルスが出ます。

④ 光パルスは図5－1の検出器の右端に置かれている光電子増倍管（光パルスを電気パルスに換える光センサーの一種）に届き、電気パルスに変わります。[寄り道12] 陽電子からの電気パルスとそれから約10マイ

クロ秒程度遅れて発生する中性子による電気パルスの両方があるという条件から、ニュートリノ反応が起こったことが分かります。

このような条件で得られた信号の数が、原子炉を運転したときと運転していないときで大幅に違うことが分かり、この信号は原子炉からのニュートリノによるものであることが確認されました。

■ 最近のおもなニュートリノ実験とニュートリノの研究の発展

最初の発見以来多くのニュートリノの検出による実験が行われてきました。最近では第4章で紹介した色々な発生源からの異なった種類のニュートリノを使ったニュートリノの分野の色々な実験が行われ、研究が急速に発展してきています。そこでこの後、具体的な実験の例を幾つか紹介します。ただし、ページ数の関係もありますので、特に最近の世界のニュートリノ研究をリードしている幾つかの日本の実験を紹介するにとどめます。

■ カミオカンデ実験、スーパーカミオカンデ実験

このブックレットを読んでいる皆さんは、既にニュートリノという言葉を聞かれたことがあると思います。それは、小柴昌俊博士がカミオカンデ実験による宇宙からのニュートリノの研究成果でノーベル賞を受賞されてからではないでしょうか？　もちろんそれ以前にも、理論の面やニュートリノ質量の精密測定などで、日本の研究者による重要な研究が行われてきました。しかしその延長線上で圧倒的とも言えるほどに日本がリードしている現在の状況を作り出したのは、ノーベル賞受賞のずっと前に始まったカミオカンデ実験の構想・準備及びその後の測定・解析

だったと言えるでしょう。ここで新潟大学に関連して特に強調しておきたいのは、カミオカンデ実験の始まりの時期からの共同研究者として、新潟大学に教授として在職していた宮野和政博士(1984年に定年退職)が多くの大学院生たちと共にその建設と研究に活躍したということです。

以下ではカミオカンデ、スーパーカミオカンデの実験の概要と、最も目立った幾つかの成果を紹介します。

☆カミオカンデ実験

カミオカンデ実験と言うと、ノーベル賞の受賞理由となった宇宙ニュートリノと結び付けられるのですが、実はこの実験の最初の段階で目的とされた研究課題は、陽子崩壊を検証することだったのです。陽子は永久に壊れないと思われていましたが、素粒子の大統一理論によると壊れてもおかしくないと考えられるようになりました。もちろん陽子が壊れるといっても、平均的には宇宙の年齢よりずっと長い寿命を持っていることが予想されています。そうでないと、私たちが住んでいる自然全体が壊れて困ったことになります。この陽子の崩壊は、大量の陽子である寿命で一気に起こるのではなく、寿命に応じて少しずつ壊れると予想されます。そのことから、「非常に沢山の陽子を検出器で監視していれば年に幾つかは壊れる現象を見ることができるだろう」ということで、カミオカンデ実験では当時としては破格の量の約5千トンの水を使って陽子崩壊の検出を目指したのでした。このように大きなものに、例えば前に紹介したような液体シンチレータを使うと非常に高価なものとなります。そこで考えられたのが水におけるチェレンコフ効果による光を検出することでした。寄り道11)

これだと材料は水でよいので、安く済みます。しかしこれについても

問題があります。最大の問題は、チェレンコフ光はシンチレーション光と比べて非常に弱いのです。従って、発光した光を少しでも多く捉えることが必要でした。この問題を解決したのが、小柴博士がノーベル賞を受賞した後にテレビでも紹介された、日本の技術でした。それまで光センサーである光電子増倍管(寄り道12)の有感口径は、広くても直径20cm程度であったものを、なんと約50cmのものを作ることに成功したのです。その結果、同時期に始まったが小さな光電子増倍管しか使えないので性能的に不十分であった外国の検出器に比べて、カミオカンデ実験の検出器では圧倒的に高い性能が実現され、その後の非常に大きな成果につながったのです。さらに言えば、このことが今の、日本にとどまらず世界におけるニュートリノ科学の発展への幕を開いたと言えるでしょう。これは、基礎科学研究からの要求が技術革新の動機を与え、その技術革新が基礎科学の発展をもたらした一つの偉大な例と言えます。

　　小柴博士たちは、そのように大きなものを用意しても陽子の寿命が期待している以上に長くて観測できなければ（それはそれで科学的には重要な結果を得たことにはなるのですが）もったいないので、「何とか他にも有意義な観測ができないだろうか？」と真剣に考えました。そこで考えられたもう一つの目的が、宇宙からの

図5-2　世界最大（口径50cm）の光電子増倍管
　　　　写真提供：浜松ホトニクス株式会社

第5章　ニュートリノの世界を訪れよう　49

ニュートリノの観測です。その結果、残念ながらその後のスーパーカミオカンデ実験でも陽子崩壊は未だに見つかっていませんが、宇宙を起源とする太陽ニュートリノや大気ニュートリノなどを検出しての研究については、確実な成果を得ることができました。これについては、スーパーカミオカンデ実験の所でまとめて説明します。それだけではなく、自然は小柴博士やその共同研究者に素晴らしい贈り物をしたのです。それは、1987年2月23日に16万7000光年の距離にある大マゼラン銀河で発見された超新星SN1987Aです。このことについては前章で述べたので、これにとどめておきます。

☆スーパーカミオカンデ実験

　カミオカンデ実験が果たした多くの成果と、見つけ出した深刻な、すなわち物理学の面では将来へつながる重要な課題をさらに深く研究するために、カミオカンデの約10倍の（約5万トンの純水を使った）検出器を建設しました。それが、スーパーカミオカンデ（以下、簡単のためにSKと呼びます）です。SKは図5－3に示されるように、カミオカンデと同じ神岡にある池の山の山頂から約1kmの地下にあたる位置に新たに大きな穴を掘り、そこに設置されました。図に見られる直径、高さともに50m近い円筒

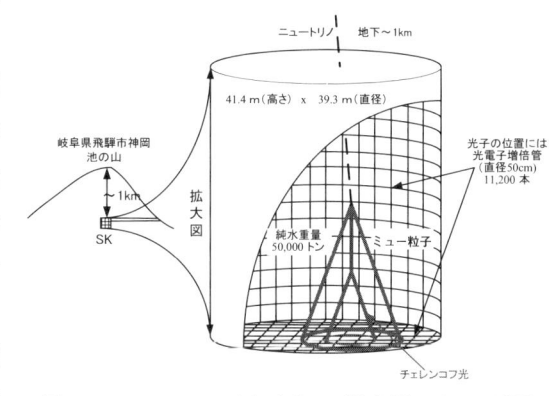

図5－3　スーパーカミオカンデ検出器のイメージ図

形をしたものがSKの検出器本体です。その内壁に前に紹介したチェレンコフ光を検出するための光電子増倍管が置かれています。検出原理はカミオカンデと同じですが、水の量が一桁多いことなどにより、実質的にはそれ以上に遥かに高い性能を実現することができました。SKによる主としてニュートリノに関する代表的な成果は、

・大気ニュートリノが少なすぎる問題

図4-3のところで既に述べたように、宇宙線が大気圏に入ってから起こす核反応によるニュートリノが、上からはもちろん、地球表面上のあらゆる方向からSKに降り注いでいます（降ると言っても、地球の裏側からのニュートリノは、地球を突き抜けて上向きに飛んできます）。大気ニュートリノの実際の観測量が、予測値と比べてはるかに少ないことがカミオカンデの時代からの問題でした。大型検出器による精密測定ができるようになったことから、ニュートリノが飛んでくる角度（これは図4-3で分かるように、発生点から観測点までの距離を定めることができます）と観測した大気ニュートリノ数との関係から、前章で説明のあった、ニュートリノ振動によることが確定できました。

・太陽ニュートリノが少なすぎる問題

前章で説明したように、太陽からは非常に高密度物質中を通過して出てきた大量のニュートリノが地球に降り注いでいます。カミオカンデ、SKおよび外国での観測結果から、実際に検出された太陽ニュートリノの数は、標準太陽模型と呼ばれる理論的な予測と比べてはるかに少ないことが分かり、大気ニュートリノともども長年の問題でした。しかし、それは、SK及びカナダでのSNOと呼ばれる実験の結果から、ニュートリノ振動によるものであるとの結論に達しました。

・超新星、暗黒物質その他

など、非常に多彩なものでした。大気ニュートリノや太陽ニュートリノにおけるニュートリノ振動の可能性については、カミオカンデ実験以前から別の方法による幾つかの実験からも示唆されていました。しかし、SKにおいてはニュートリノ反応の1事象ごとに正確に方向やエネルギーを測定できるという強みを生かして、圧倒的により明確に結論が得られたのです。

　ニュートリノ振動の検出は、別の表現をすると、第四章で説明されたように、ニュートリノの質量は非常に小さいながらゼロではないということになるのです。また、他種のニュートリノに変わる確率が非常に大きいことも分かりました。これらのことは、ニュートリノの持つ不思議な性質に更に加えられるものであり、今後のニュートリノの研究が素粒子の理解の発展にとって極めて重要であることを示すものです。
　SKは、途中で大部分の光電子増倍管が壊れるという不幸な事故も起こりましたが、2度の工事を経て元の状態への復旧が実現し、更なる活躍に向けての研究活動を再開しています。

■　K2K実験
　既に書いたように、SKによる宇宙ニュートリノの観測により、ニュートリノ振動が起こっているのはほぼ間違いないことが確認されました。その結果を導くに当たってはもちろん、非常に慎重に他の理由によるものである可能性の検討が行われ、科学的には問題ないということではありましたが、やはり最終的には「宇宙からやってくるニュートリノ」ということで、確信を得る点では、一抹の不安を拭い切れないところがあ

図5-4　K2K実験のイメージ図

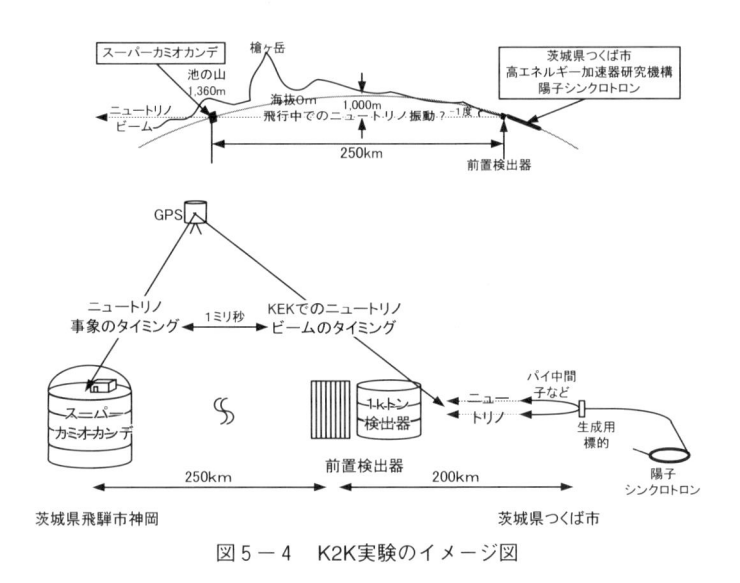

　りました。そこで、加速器で作り出した素性の良く分かっているニュートリノを使って、ニュートリノ振動を検出しようとする、K2K実験が行われました。この実験の最大の特長は、図5-4に示されているように、茨城県つくば市にある高エネルギー加速器研究機構の加速器で得られる大強度の陽子ビームを標的に当てて生成されたニュートリノを、神岡のSKへ向けて送り出すところにあります。地球が丸いことから、筑波ではやや下向けにニュートリノを打ち出し、ニュートリノは地下を250km突き抜けてSKに到着します。その間でニュートリノ振動があれば、一部は別種のニュートリノに変身するため、SKに届いたときの元の種類のニュートリノの数が振動しない場合に予想されるより少なくなるので、これをSKで確認するのです。極微の粒子であるニュートリノの性質を調べるための、250kmという地球規模の研究です。また、近すぎて振動

しないと思われる近距離（〜200m）にもニュートリノ検出器を置いて、ニュートリノビームの強度、エネルギー分布や広がりなどを監視することも重要な特長です。これらにより、ニュートリノビームの運動方向、エネルギー、強度の変動などが測定できます。また図にあるように、加速器からのニュートリノが放出されたタイミングとニュートリノがSKで検出されたタイミングが合っているかどうかを、カーナビで知られている人工衛星からの全地球測位システム（GPS）を使って100万分の1秒以下の精度で測ることで、間違いなく加速器からのニュートリノによる信号であることを確かめることができるのです。これらの多くの情報を得ることができる点が、実験家が制御できない宇宙からのニュートリノと決定的に違うところで、大幅に確からしさを高めることができました。約3年間の測定の結果、99.99%の確かさで、ニュートリノ振動があることが示されました。

■ **カムランド実験** ─原子炉ニュートリノ $\bar{\nu}_e$ を用いた実験─

サバンナ・リバーにおける最初のニュートリノの発見以来約40年、久々の大きな成果を得た原子炉ニュートリノによる実験が登場しました。それが、東北大学グループを中心とした国際共同グループによるカムランド実験です。この実験は、カミオカンデ検出器が置かれていた場所に、新しいニュートリノ検出器を置いて行われたものです。この検出器では、カミオカンデ級の大きな容器に液体シンチレータを入れることで、原子炉からの $\bar{\nu}_e$ を効率良く検出することができるものです。また、地下深くに設置されたカミオカンデの跡地を利用することと、SKと同じ大口径光電子増倍管をオイル中に漬けることで、宇宙線、周辺の土や光電子増倍管のガラスからの雑音を遮蔽することができ、大幅な低雑音化を実

現しました。これらの工夫・努力により、カムランド検出器は周辺の半径100km程度の円周上にある多くの原子力発電所からのニュートリノを検出することができ、それらの発電所から提供された原子炉運転のデータを使って、ニュートリノ振動のため、予想されるニュートリノと比べて検出される数が少ないという、非常に精度の良いニュートリノ振動を支持する結果を得ました。

この実験の重要な成果の一つは、この検出器の高感度・低雑音という特性から、これまで検出されたことが無かった地球ニュートリノの検出にも成功したことは、既に書いた通りです。

寄り道10

もし「完全な透明人間」がいたら、どういうことが起こるでしょうか？光が透明人間に当たっても、すべての光が何事もなくまっすぐ突き抜けます。透明であっても、ダイヤモンドやプリズムのように光の反射や屈折が起これば、わたしたちはその存在を知ることができます。人間が物体を見るためには、光は眼球の中にあるレンズの働きをする水晶体中で屈折して、網膜上に焦点を結ばなければなりません。このようなことが起これば、外からもそれが見えてしまいます。逆に、光の屈折が起こらなかったら、その透明人間は自分の外の世界を見ることができないのです。だから、透明人間が外の世界を見るためには、「少なくとも目玉だけは」見えてしまうことになります。

第 5 章　ニュートリノの世界を訪れよう　　55

寄り道11

　ボートが静かな湖面を波の進む速さよりも速く進むと、ホイヘンスの原理に従ってへさきから両側に斜め後に向かった直線状の波が広がっていきます。また、音速より速く飛ぶ飛行機が衝撃波（マッハ波）を発生させます。それらの原理は同じです。私たちが測定しようとするエネルギーの高い素粒子は、水中での光の速さ（光速）よりも速く飛ぶことができます。この粒子が電気を持っていると、ボートから出る波のように、この場合は3次元的なので、円錐状に（早いほど、光は粒子の方向に対して大きな角度で）広がる電磁波、すなわち光を出します。この光はチェレンコフ光と呼ばれています。

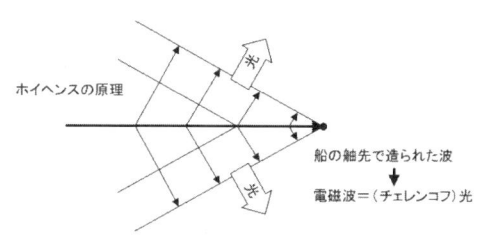

図5−5　チェレンコフ光放出の原理

寄り道12

　光電子増倍管とは、微弱な光を捉えて大きな電気信号にする、光センサーの一つです。それは図5−6のような真空管の一種です。微弱な光

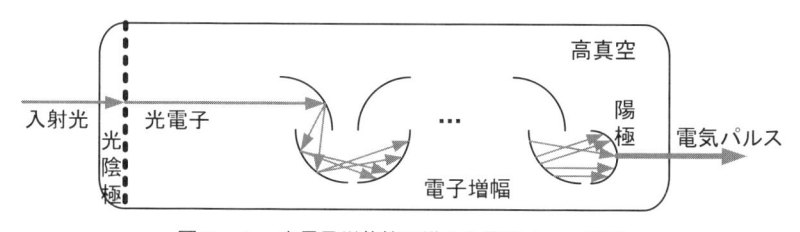

図5−6　光電子増倍管の働きを示すイメージ図

が窓となる部分の透明なガラスを通って入ると、その窓ガラスの裏に塗られている特殊な物質によって光が吸収され、電子が発生します。この現象は、「光電効果」と呼ばれて、量子力学の誕生期にアインシュタインが電磁波として知られていた光が粒子（光子）としての性質をもっていることを解明したことで知られています。この効果で発生した電子（光電子と呼ばれます）は、高い電圧で加速されて電子を発生しやすい物質でできた電極にぶつかって多くの電子を作り出します。これを繰り返すことで、一つの光電子はおよそ1,000万個の電子にまで増幅されます。例えば、大きな望遠鏡ではるか彼方の星からの光を捉えようとした時、光はとても肉眼では見えるものではなくとも、肉眼の代わりに光電子増倍管を用いることで電気信号として観測することができるのです。また、素粒子の検出のためにはなくてはならないものの一つです。これの世界最大のものが、カミオカンデなどでの輝かしい成果を得るための強力な道具となったものです。

第6章　新潟から、ニュートリノの新しい地平へ
―カスカ（KASKA）実験プロジェクト―

　ここまで述べてきたような大規模ニュートリノ研究は、日本国内では筑波や神岡などでの研究拠点で行われてきました。しかし、今新潟の地を拠点とした新しい最先端のニュートリノ振動実験の計画が、提案され実現に向けた活動が行われています。これは、東京電力柏崎刈羽原子力発電所の原子炉からのニュートリノを用いることから、カスカ（プロジェクト名であるKASKAはKashiwazakiKariwaに由来しています。また、ニュートリノが検出されにくいことから、微か／幽かなどにも通じます）実験と名付けられました。

■　KASKA実験の概要

　既に出てきたように、核分裂によってエネルギーが得られるとともにニュートリノが得られることから、高い出力の原子炉は強力な原子炉ニュートリノの発生装置でもあります。特に柏崎刈羽原子力発電所の熱出力は表6－1で示されるように、現在原子炉ニュートリノ振動実験が計画されている諸外国の発電所と比べて、群を抜いています。世界最強の出力を誇る柏崎刈羽原子力発電所は、世界最強のニュートリノ発生器でもあるのです。この新潟の地にある強力な

ニュートリノ発生源と世界をリードする日本のニュートリノ研究とを結合して、新たな重要な成果を上げようとする研究プロジェクトがカスカ実験です。

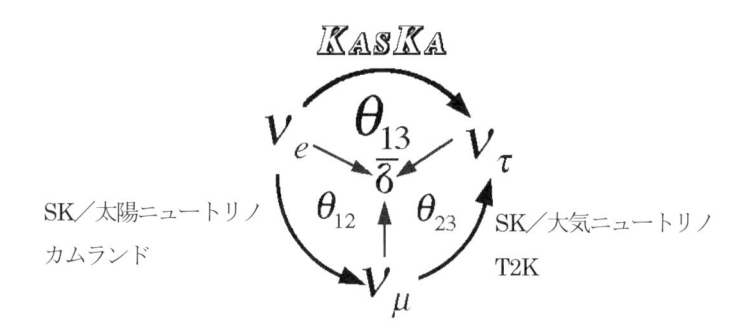

図6－1　カスカ実験のロゴ
ニュートリノ振動の関係を表現しています

　実験の目的は、図6－1にある、カスカ（KASKA）実験のロゴに示されています。既に説明があったように、3種類のニュートリノがあります。それらはお互いに変身しあい、その現象は振動と呼ばれます。この図には3種のニュートリノとそれらの間に、θ_{12}、θ_{23}、およびθ_{13}（シータ：それぞれのニュートリノ間の振動の起こりやすさを表す量で混合角と呼ばれ、θが大きいことは振動しやすいことに対応します）が描かれています。

　三つの混合角のうち、θ_{12}はSK実験の太陽ニュートリノの研究とカナダでのSNO実験およびカムランド実験の結果により、また、θ_{23}はSK実験の大気ニュートリノ実験及びT2K実験の結果により測定され、大きなニュートリノ振動が確認されています。一方、θ_{13}を測定する実験は、以前にフランスのショー（CHOOZ）原子力発電所で原子炉ニュートリノ

を使って試みられたのですが、実験の精度不足で正確な値は得られませんでした。というよりも、他の二つの振動に比べて測定できないほどθ_{13}の値が小さかったのです。他の振動（θ_{12}、θ_{23}）と比べてθ_{13}が異常といえるほど小さいとすれば、それは何故なのかという興味深い重要な問題が生じます。小さいとはいえ、この量を測定することは、ニュートリノの性質を解明するには避けては通れないものなのです。この理由から、θ_{13}の測定は世界中のニュートリノ研究者が一刻も早い結果を待ち望んでいるのです。そこでショー実験よりも一桁以上良い精度でのθ_{13}測定を目指す新世代の原子炉ニュートリノ実験が、その重要性と緊急性から、世界中で幾つか計画されています。新潟のカスカ実験はその中の一つです。この後の原子炉ニュートリノを用いた未測定のニュートリノ振動の強さθ_{13}の精密測定実験についての話は外国での計画とも共通するところが多いので、カスカ実験を具体例として説明します。

☆原子炉ニュートリノの検出器

　原子炉ニュートリノの検出原理は、既に前章で説明されましたライナス・コーワンによるニュートリノの発見の実験とほぼ同じです。大きな違いの一つは、熱中性子を吸収する原子核としてカドミウム（Cd）のかわりにガドリニウム（Gd）原子核が使われます。Gdは、Cdより熱中性子を効率良く吸収することと高いエネルギーのガンマ線を放出することから、ニュートリノの振動による消失の量の測定に大きく効く、検出効率の精度を高くすることができます。検出器全体のイメージ図を図6-2に示します。

◇中心部にあるカプセル状のアクリル容器には、Gdが含まれた液体シンチレータが入っています。ここで、原子炉ニュートリノは、シンチレー

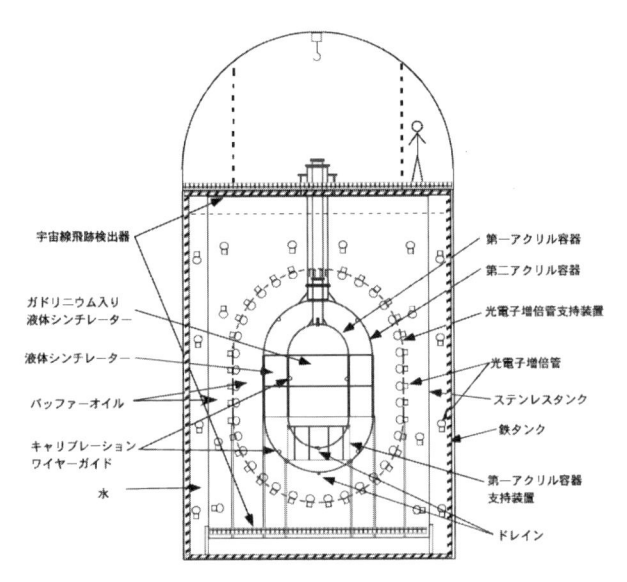

図6-2　カスカ検出器のイメージ図

タ中の陽子と反応して陽電子と中性子を生成する

$$\bar{\nu}_e + p \rightarrow e^+ + n$$

という反応を起こします。陽電子は電子との消滅によって、また中性子は、陽電子からのガンマ線放出後平均30マイクロ秒（十万分の3秒）後に、Gdに吸収されて、共に複数のガンマ線を出して光パルスとして検出されます。

◇外側のカプセル状アクリル容器までの2層目にはGdの入っていない液体シンチレータが入っており、中心部からもれ出たガンマ線を検出することで検出効率を高めています。

◇その外には、発光しない透明オイルと、その中に光電子増倍管が置かれて、二層の容器内にあるシンチレータからの光パルスを検出します。

このオイルにより、光電子増倍管のガラスに含まれる微量の放射線によるシンチレータ中での光パルスを抑えることができます。

◇これらの検出器の上面と下面には宇宙線を捉える検出器が置かれて、宇宙線による原子核破砕(はさい)が引き起こすバックグラウンドの評価に用いられます。

☆より良い精度を実現するためのニュートリノ検出器の配置

　反電子ニュートリノの一部は、原子炉から放出され飛行するうちにθ_{13}振動で別の種類のニュートリノに変身します。従って、反電子ニュートリノ検出器で検出しようとしても、変身した分は検出できず行方不明になります。このことから、実際に検出できたニュートリノの数と、振動が無いとして予想される数とを比べれば、振動の量を知ることができます。この方法は、「消失実験」と呼ばれています。この様子を示しているのが図6-3です。ここで、横軸はニュートリノの飛行距離で、縦軸は実際に検出される反電子ニュートリノ数と振動が無い場合に予想される数の割合です。この曲線の原子炉からの距離が約1.7km程度飛んだところに、小さい凹みが見えますね？　これが、θ_{13}の振動による消失によるものです。もちろん、この振動による消失の大きさはまだ測定されていないので、図に示されているのは仮定された強さの振動による予想です。しかし振動が最大となる位置は別の測定で予想できますので、この位置に主検出器と呼ばれる検出器を設置してθ_{13}振動による消失を精度よく測定します。ところで、このグラフにもう一つ右側（原子炉から約100km程度の位置）に見られる大きい凹みはθ_{12}振動によるものであって、これを精度良く測定したのが、カムランド実験です。

　実験結果の信頼度の点から言いますと、消失量が大きい地点で測定す

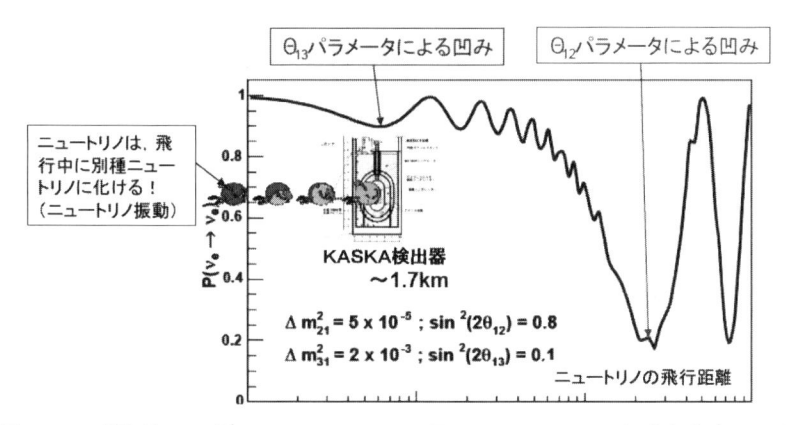

図6-3 柏崎刈羽原子炉からのニュートリノを用いた、ニュートリノ振動実験（KASKA）
図の横軸はニュートリノの飛行距離で、縦軸は、原子炉から放出された反電子ニュートリノが同種ニュートリノとして検出される確率。凹みは別種のニュートリノに化けてしまうことを示しています。

ることが有利です。既に書いたように、目的とするニュートリノ振動が最大となる位置はこれまでの別の測定結果から予想できますから、最適な位置に検出器を置くことで精度の良い結果が期待できます。外国の計画においては自然の山などを利用することにしているので、必ずしも最適の位置での測定はできません。それに対して、カスカ実験では、平地に立坑を掘ることを考えているので、最適な位置で測定することができます。これは、カスカ実験の特長／強みの一つです。

θ_{13}振動による消失を精度良く測定するためには、原子炉から出てまだ振動が起こってない地点でのニュートリノ数を正確に知ることも非常に重要です。これまでのこの種の多くの実験では、カムランド実験も含めて、消失前のニュートリノの数は、原子炉の運転記録を基準として算出していました。しかし、これでは今回目指している精度が得られません。

第6章 新潟から、ニュートリノの新しい地平へ

θ_{13}振動による小さな消失を正確に測定する実験では、図6-4に示されるように、近すぎてまだ振動が起こらない地点にも前置検出器と呼ばれる主検出器と同じ性能の検出器を設置して、そこでニュートリノを測定をすることが計画されています。これにより、測定の精度がショー実験のときより一桁良くなり、それだけ小さいθ_{13}角でも測定できるのです。

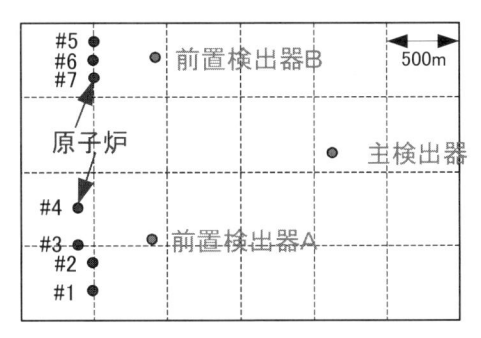

図6-4 カスカ検出器の平面配置イメージ図

この実験は、原子炉からの豊富なニュートリノを近距離で捕らえようとするものなので、原子炉から遠く離れたところで、あるいは数の少ない宇宙からのニュートリノを測定しようとするカムランド実験やSK実験のように、検出器を神岡のように深い地下に設置する必要はありません。とは言え、ここでも宇宙線は主要な雑音源となるので、その影響を減らすために、検出器を山中あるいは図6-5に示されるカスカ実験のように地下に設置することが必要です。ここで、原子炉の近くにあるのでニュートリノ強度が強い前置検出器は左側の浅い（〜50m程度）穴の底に、原子炉から遠いのでニュートリノ強度が前置検出器の約1／10程度減る主検出器は、宇宙線も同じ程度減らすために、右側の深い（〜150m程度）穴の底に置かれます。直径5m程度の穴を小さなエレベータで150m降りると、ちょっとした探検気分になれるでしょう。

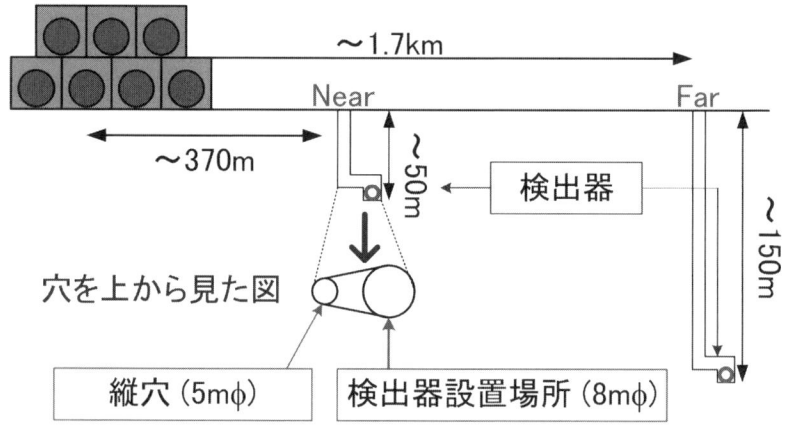

図6－5　原子炉、検出器の鉛筆配置のイメージ図

■　θ_{13}測定実験の重要さと特長

　これまで紹介してきたように、スーパーカミオカンデ、K2Kやカムランドなど、何回もニュートリノ振動が検出されたと書きました。「何回もの測定がなぜ必要なのか？　一つ見つかったら、もう十分なのではないか？」と思いませんか？　何度も測定する理由は、主に二つあります。

1．測定の結果が本当に正しいのかを確認する。一般的に、研究の結果がその学問にとって大きなインパクト／衝撃を与えるほど、結論は慎重に出さなければなりません。そのために、異なったグループや異なった方法による実験で確認されることが期待されます。SKの大気ニュートリノ実験とK2K実験との関係がまさにこれにあたり、SKの太陽ニュートリノ実験とカムランド実験の関係も同様です。

2．ニュートリノが3種類あり、ニュートリノ振動の強さ、現われ方は組み合わせによりさまざまで、それぞれが物理学の面で重要な意味を持っています。従って、それぞれの組み合わせに対して最適の実験で測定しなければなりません。図6－1から分かるように、θ_{23}振動を測定するには、発生したときが$\nu_\mu/\bar{\nu}_\mu$である大気ニュートリノ実験・K2K実験が、またθ_{12}振動を測定するには振動を測定するには発生したときが$\nu_e/\bar{\nu}_e$であって、図6－3で分かるように長距離離れた所での消失を測定する太陽ニュートリノ実験・カムランド実験が適していると言えます。

既に書いたように、θ_{13}の測定値がまだ得られていないのです。従って、この実験の成果は、他の実験結果で置き換えられるものではなく、ニュートリノ物理学／素粒子物理学の理解の進展にとっては必要なものなのです。また、図6－1と6－3に示されているように、原子炉からのニュートリノは反「電子」ニュートリノから出発するので、他の状態を迂回することなく直接θ_{13}振動の測定ができます。即ち、ほぼ純粋なθ_{13}振動の測定が可能になります。これは原子炉ニュートリノを1.7km程度離れた場所での測定が非常に重要である理由です。

☆加速器からのニュートリノを用いたθ_{13}の測定とはどういう関係があるのでしょうか？

カスカ実験を含む原子炉ニュートリノによるθ_{13}の精密測定とは別に、K2K実験の発展計画として、茨城県東海村に建設中の加速器により生成した大強度ニュートリノを約300km離れたSKに打ち込んで、K2Kより高精度の測定をしようというT2K実験の準備が現在進行中です。

この実験は、第3章で述べた、自然界での物質と反物質が現在なぜほ

とんど物質だけしかないかとの謎、すなわちCP対称性の破れの謎に迫る将来の実験につながるものとしても非常に期待されている、重要な実験です。しかしT2K実験の結果を使ってθ_{13}を得るには致命的なあいまいさがあって、それを解決するには原子炉ニュートリノ実験の結果が無くてはならないことを南方久和博士たちが示しました。別の言い方をしますと、T2K実験の成果はそれだけでは如何に一生懸命磨こうと輝かない原石なのですが、原子炉ニュートリノ実験の成果を使って磨けばさんぜんと輝く宝石となるのです。

では、T2K実験にあるというあいまいさはなぜ起こるのでしょうか？

T2K実験は、加速器からのν_μを発射して、SKでν_eを検出・測定する計画です。（これは、前に述べた消失実験に対して、「出現実験」と呼ばれます）この測定は雑音の効果を小さくできるということで、消失実験と比べて良い精度が期待できる特長があります。しかし、カスカ実験のロゴ（図6－1）を見て分かるのですが、原子炉ニュートリノによる実験が直接1⇔3振動の影響をみるのに対して、加速器ニュートリノ実験では2の状態から3を経由して1の状態になる現象を測定することになり、直接みることができません。このことから、得られた振動（$\nu_\mu \Leftrightarrow \nu_e$）についての結果の精度はよくても、今求められているθ_{13}を測定すると言う点では、その迂回分（θ_{23}等）の影響が非常に大きくて、原子炉ニュートリノの結果がなくてはそれを取り除くことができないのです。

従って、原子炉ニュートリノによっての精密測定の結果と加速器ニュートリノの結果を合わせ用いることにより、後者の精度の良さを生かした多くの新しい重要なことが分かってくるのです。

第6章 新潟から、ニュートリノの新しい地平へ

☆世界をリードする日本のニュートリノ研究を背景とすることも、外国での計画と比べたカスカ実験の大きな特長です。

◇理論（主要なもののみ）
- MNS（牧、中川、坂田）行列と呼ばれる3種のニュートリノにおけるニュートリノ振動の可能性を理論的に示した。
- 柳田博士たちによるシーソー理論で、ニュートリノの質量がなぜ小さいか、その背景に何が（大統一理論、マヨラナニュートリノ）あるかが示された。
- 南方博士たちにより、θ_{13}振動の強度の測定には、加速器ニュートリノのみでなく、原子炉ニュートリノによる研究が行われなくてはならないことが示された。

◇実験（主要なもののみ）
- 小柴博士たちが宇宙からのニュートリノ研究を開拓しました。超新星爆発1987Aからのニュートリノ観測に成功しました。
- 戸塚洋二博士たちによるスーパーカミオカンデ（SK）建設
  ・大気ニュートリノの結果からのθ_{23}振動を発見しました。
  ・太陽ニュートリノの結果とカナダのSNO実験の結果を合わせて、θ_{12}振動を示しました。
- 西川公一郎博士たちによる、加速器からのニュートリノをSKで検出する長基線（250km）ニュートリノ振動実験（K2K）によるθ_{23}振動を確認しました。
  ⇒ その発展として、T2K実験が準備中です。
- 鈴木厚人博士たちによる、カムランド実験
  ・原子炉ニュートリノの長基線（～100km）実験による、θ_{12}振動の精密測定を成功させました。

・地球ニュートリノの検出を世界で初めて成功させました。

第7章　新潟大学でのニュートリノ研究の歩み

　KASKA実験を実現させようとするグループには、理論、実験の両分野で前章の研究を進めてきたメンバーが含まれています。上記の成果の上で更に原子炉ニュートリノによるθ_{13}振動の精密測定を行ってその結果を得ることで、ニュートリノ振動に関連するほとんどすべての成果を日本が中心となって得るという、輝かしい成果を勝ち取ることができると言えます。

　もう少し別の見方、すなわち新潟におけるニュートリノに関する研究という点で見てみましょう。既に紹介したように、新潟大学においては、

◇新潟大学におけるニュートリノ物理学の研究の歴史は、約2年前に定年で退職された宮野和政博士の、カミオカンデ実験の創設期における参加に始まります。それ以来、研究の中で多くの博士、修士を世に送り出してきました。

◇著者の一人の田村が1996年に新潟大学に赴任して、宮野博士とともに、K2K実験のメンバーとして共同でニュートリノ研究が開始されました。

◇著者の一人の谷本が2000年に新潟大学に赴任して、ニュートリノについての理論の面での本格的研究が始まりました。

◇2002年頃から、原子炉ニュートリノを用いた1⇔3ニュートリノ振動実験プロジェクト（カスカ／KASKA実験）の推進活動が、学内のメンバーはもちろん、多くの大学の研究者と共同で、新潟大学をその中核研究機関として精力的に始まりました。

◇2004年の宮野博士の定年退職に伴って、田村がスーパーカミオカンデ実験に正式メンバーとして参加しました。
◇2004年の春に、新潟市朱鷺メッセで、原子炉ニュートリノ実験のための国際ワークショップを開催しました。

という経緯で、ニュートリノについての研究活動が進められてきました。これらの一連の研究を、更に新潟大学を拠点として一層強化することを目指しています。

　この研究は、現段階ではその実現を目指して活動中の計画です。多額の研究経費を要するものですので、希望通り新潟の地で実現することは容易ではありません。しかしながら、KASKA研究グループが計画し、検討した結果は、何らかの形でこの大きな目標を実現させることは間違いないと確信しています。新潟の地から発信された世界最先端の科学研究が、今まさに始められようとしています。

■著者紹介

谷本盛光（たにもと・もりみつ）
新潟大学教育研究院自然科学系（理学部）・教授
素粒子理論：以下、主な研究
- ニュートリノのＣＰ対称性の破れの研究
- ニュートリノのモデルの研究
- クォークとレプトンの対称性の研究
- 宇宙の暗黒エネルギーの研究
- 宇宙のバリオン生成の研究

田村詔生（たむら・のりお）
新潟大学教育研究院自然科学系（自然科学研究科）・教授
素粒子物理学：以下、主な研究
- 電子陽電子衝突型加速器を用いた、素粒子（主としてクォーク）の研究
- スーパーカミオカンデを用いた実験による、宇宙由来ニュートリノ等の研究
- 加速器や原子炉からのニュートリノを用いた実験による、ニュートリノ振動の研究

ブックレット新潟大学45　新潟で探るニュートリノの不思議な世界

2006年9月20日　初版第1刷発行

編　者——新潟大学大学院自然科学研究科
　　　　　ブックレット新潟大学編集委員会
著　者——谷本盛光・田村詔生
発行者——本間正一郎
発行所——新潟日報事業社
　〒951-8131　新潟市白山浦2-645-54
　TEL 025-233-2100　　FAX 025-230-1833
　http://www.nnj-net.co.jp

印刷・製本——新高速印刷㈱

©Morimitsu Tanimoto & Norio Tamura　Printed in Japan　ISBN4-86132-183-2

「ブックレット新潟大学」刊行にあたって

　いうまでもありませんが大学は教育と研究の場であって、そこでは人類の未来に向けた後継者の育成と幅広い研究が行われております。しかし外部社会からは大学の内部が見えにくいという批判がしばしば出されます。大学はこれを謙虚に受け止め、大学内の成果を社会に向けてできるだけ平易に語る必要があります。本シリーズはこの趣旨に沿って書かれており、新潟大学の社会に向けた一つの窓となっています。読者諸賢はこの窓から発せられる光を感じ、またこの窓を通して内部の様子を知っていただき、忌憚のないご意見を賜りたいと思っております。

　この本の主題は「ニュートリノ」です。ニュートリノについては、小柴昌俊博士（東京大学特別栄誉教授）がノーベル賞を得たカミオカンデ検出器を使った研究でその名は知られましたが、それがどのようなものであるかについてはそれほど知られていません。

　ここでは、「素粒子とは何か」についての解説から始まって、ニュートリノが素粒子の一つであり、素粒子のなかでも特別に不思議な日常生活の中では想像もできない性質を持ったものであることが解説されています。後半では、特にこの分野で世界をリードしている日本のニュートリノ研究が紹介されています。また新潟大学でもカミオカンデ実験の立ち上げ以来、そのメンバー大学としてニュートリノに関する研究を精力的に行い、多くの博士・修士を送り出してきました。そのような新潟大学を中心としたグループが新たに実現しようとしている、新しい原子炉ニュートリノを用いた世界の最先端研究プロジェクトが最後の部分で解説されています。

　ニュートリノの検出をして何になるかと思われるかも知れません。しかし学問的興味から得られた科学の成果が、100年の間に我々の生活にしっかり根付いている例を多く見ることができます。このような基礎科学は、営利を目的としない「大学・研究所」においてしか研究を進めることができません。新潟大学において世界の最前線であるニュートリノ研究が行われていることも、新潟大学の優れた研究能力を示す一つの具体例であると考えられます。宇宙にきらめく星を見て肉眼では見えない彼方を思うように、この本から極微の世界の主役である素粒子・ニュートリノを知り、更にその先に何があるかについて人類の知的好奇心＝夢を感じていただければと期待しております。

　なお、この本の著者の一人である田村教授は、2006年の論文引用数で世界第2位を獲得した優れた研究者であることをここに紹介させていただきます。

2006年8月

新潟大学大学院自然科学研究科
研究科長　　長谷川　富市